제주는 숲과 바다

제주는 숲과 바다 _ 따로 또 같이 여행한 너와 나의 제주

1판 1쇄 발행일 2022년 11월 10일
글 · 사진 박성혜, 홍아미 | **펴낸이** 김민희, 김준영
편집 김민희, 김준영 | **디자인** 이유진
영업 마케팅 김영란 | **영상** 전민수

펴낸곳 두사람 | **등록** 2016년 2월 1일 제2016-000031호
팩스 02-6442-1718 | **메일** twopeople1718@gmail.com
주소 서울시 마포구 월드컵로 14길 24 302호
ISBN 979-11-90061-31-5 03980

두사람은 여행서 전문가가 만드는 여행 출판사, 여행 콘텐츠 그룹입니다.
독자들을 위한 쉽고 친절한 여행서, 클라이언트를 위한 맞춤 여행 콘텐츠와 서비스를 제공합니다.
Published by TWOPEOPLE, Inc. Printed in Korea

박성혜, 홍아미 글·사진
전민수 영상

제주는 숲과 바다

따로 또 같이 여행한
너와 나의 제주

두사람

제주도라는 천국

제주도에 갈 때마다 이렇게 생각하곤 했다.

'제주는 신이 한반도에 내린 선물이야. 불리한 입지에 땅덩이도 좁고, 그럴싸한 자원도 없는 반도. 노동력을 갈아 넣어 기어코 살아남으려 애쓰는 사람들이 가련한 나머지, 신이 그 반도에 작은 천국을 선물해주신 거야.'

물론 100퍼센트 여행자의 관점에서 나온 생각임을 인정한다. 그만큼 내게는 제주가 완벽하게 아름다운 여행지로 다가왔다는 소리다. 공항에 내리자마자 환영하듯 손을 흔들어주는 야자수, 초원에서 평화롭게 풀을 뜯는 말, 바라보기만 해도 마음이 편안해지는 야트막한 돌담…….

무엇보다 제주의 바다는 "여기, 한국 맞아?" 하는 말이 절로 나올 정도로 눈부셨다. 우리나라에도 이런 에메랄드빛 바다가 존재한다는 게 믿기지 않을 만큼. 한동안 여름 휴가지는 늘 제주도 해변이었고 수영하고, 서핑하고, 다이빙을 하느라 내 피부는 까맣게 탄 채였다.

처음엔 물빛이 예쁜 제주 동북쪽 해변으로 자주 갔다. 그런데 눈부신 저녁노을을 감상할 수 있는 서쪽 해변, 기암절벽의 절경 속에서 다양한 물놀이를 즐길 수 있는 서귀포 쪽 해변, 한적해서 더 운치 있는 하모 해변, 종달리 해변 등 작은 바다들까지 마음속에 들어왔다. 제주도가 작은 섬이 아니라는 건 잘 알고 있었지만 여행을 하면 할수록 다채로운 매력에 빠져들었다.

지난여름, 동료 작가이자 친구인 박성혜 여행 작가와 제주 여행을 떠났다. 우리 둘 다 한동안 여행은커녕 여행 작가로서 해왔던 모든 일이 무기한 중단되어 매우 무기력하고 우울한 상태였다. 그때 찾은 제주는 여름 휴가철을 맞아 유명 카페며 맛집이며 많은 사람들로 붐볐다. 여전히 코로나 영향에서 자유로울 수 없는 시기라 인파를 보면 절로 움츠러들었다.

유명 관광지와 달리 한적한 제주의 자연은 그런 우리를 품 넓게 받아줬다. 바다 위에 둥둥 떠 있을 때나, 인적 드문 숲속 트레킹을 할 때는 잠시나마 마스크로부터 자유로울 수 있었다. 적어도 자연 속에서만큼은 답답한 현실을 잊을 수 있었다. 우리는 예전과 다르지 않았다. 그 행복감을 코로나 시국 속 제주에서 비로소 깨닫다니.

보슬비가 내리던 아침, 물안개에 휩싸인 제주 한남시험림에 다녀왔다. 시간대 별로 미리 예약한 인원만 입장할 수 있는 곳이라 숲에는 우리 일행뿐이었다. 모처럼 향긋한 숲 내음을 만끽하고 돌아오는 길, 성혜 작가가 숲에 대해 글을 쓰고 싶다고 말했다. 너무 좋은 여행을 하고 나면 그것을 기록으로 남기고 싶은 마음이 샘솟는 법이다. 여행 작가의 욕구가 내 속에서도 기지개를 켜기 시작했다.

"나는 제주도 바다가 너무 좋아. 천국이 있다면 제주 바다 같은 곳일 거야. 우리 각자 숲과 바다에 대해 써볼까."

이미 제주도에 대한 여행 정보는 포화 상태지만 대부분 사진 찍기 좋은 스폿, 유명 맛집과 같은 명소 정보가 대부분이다. 오히려 제주의 매력을 제대로 느낄 수 있는 자연 속에는 사람들로 붐비는 곳이 드물었다. 명소만 찍고 떠나는 여행이 아닌 팬데믹 상황에 어울리는 제주 여행책을 만들어보기로 결의하고 기획안을 만들었다. 이 얘기는 그렇게 시작된 것이다. 무기력했던 두 여행 작가의 가슴속에 다시 열정이 스멀스멀 피어올랐다.

처음으로 배를 타고 가는 제주 출장을 계획하게 되었다. 여수-제주를 매일 오가는 골드스텔라호 왕복편, 14박에 달하는 숙소 예약까지 30분 만에 일사천리로 완료. 우리는 바다를 가로질러 진짜 제주를 만나러 갔다.

2022년 홍아미

Part 2. 나의 바다

제주 숲 & 바다 지도

- 제주 숲
- 제주 바다

아라동역사문화탐방로 **19**

열안지숲 **18**

삼성혈 & 신산공원 **18**

제주꿈바당어린이도서관 숲길 **16**

한라수목원 **17**

곽지과물해수욕장 **18**

이호테우해수욕장 **19**

제주

협재해수욕장 **17**

16 납읍난대림(금산공원)

금능해수욕장 **16**

상잣질 **15**

한라산 **20**

14 환상숲곶자왈

14 산양큰엉곶

14 제주곶자왈도립공원

14 화순곶자왈 생태탐방숲

서귀포

하모해변 **15**

마라도

사계해변 **13**

화순금모래해수욕장 **14**

중문색달해수욕장 **12**

서귀포 치유의숲 **13**

1 삼양검은모래해수욕장

2 함덕서우봉해수욕장

6 김녕성세기해수욕장

5 월정해수욕장

4 평대해변

3 세화해변

7 하도해변

1 동백동산

종달리해변 **8**   우도 **20** 하고수동해변 & 서빈백사해변 & 검멀레해변

2 비자림

3 비밀의숲

4 교래곶자왈

9 광치기해변

5 삼다수숲

10 신양섭지해수욕장

11 표선하얀모래해수욕장

8 중잣성생태탐방로

11 한남시험림

9 수망리 마흐니숲

6 사려니숲

10 이승악오름 삼나무숲

7 한라생태숲

12 고살리숲

구글맵 큐알코드

Part 1.
나의 숲

우리 같이, 써볼까?

언젠가 출장 차 제주를 찾은 남편을 따라 어느 숲에 간 적이 있다. 십 년도 더 지난 일이다. 제주에서 며칠을 보내는 동안 '제주 숲'이라는 낯선 광경을 보며 하루하루가 놀람과 신비로움의 연속이었다. 숲은 깊숙이 들어가면 갈수록 밖에서는 짐작조차 할 수 없는 정취를 자아냈다. 제주에 바다 따라, 마을 따라 걷는 올레길만 있다고 생각했는데 그게 전부가 아니란 걸 알게 되었다. 출장만 아니라면 여유롭게 숲길을 걷고 싶었다. 드넓은 바다를 망망대해라고 일컫듯 너른 숲도 끝이 보이지 않았다. 길이 없을 것 같은데 어김없이 나타났고, '이 길이 맞아?' 하면서 가다보면 정말 길이 있었다. 그렇게 처음 만난 제주 숲의 첫인상은 오랫동안 뇌리에 박혀 잊힐 줄 몰랐다. 자연이 내어준 아름다움은 보석처럼 반짝이며 나를 따라다녔다. 평소에도 걷는 걸 좋아하는 터라 제주에 가면 올레길을 즐겨 찾았지만 그 이후로는 올레길 대신 숲을 찾았다. 제주 숲은 내게 동경 그 자체였다.

아미도 나도 제주 여행을 헤아릴 수 없을 만큼 많이 했다. 각자 여행하던 우리가 함께 제주로 떠난 건 그저 우연이었다. 프리랜서로 일하다 보니 대부분의 사람이 움직이는 성수기에는 옴짝달싹하지 않는 편이다. 그런데 성수기에만 움직일 수 있는 지인이 제주 숙소를 예약해둔 터라 제아무리 코로나 시국이라지만 일단 떠나고 본 것이다.

이번 여행에서 나는 난생처음 제주 바다 위를 둥둥 떠다니는 경험을 했다. 아미는 인적 드문 숲을 걷는 경험을 했다. 아미는 내게 바다 수영과 물에 뜨는 방법을 알려줬고, 나는 그동안 아미가 만나지 못한 숲 세상을 보여줬다. 그렇게 우리는 김녕성세기 앞바다에 뛰어들고 한남시험림을 걸었다.

한남시험림 방문을 예약해둔 아침, 숙소 창에 빗방울이 잔뜩 고였다. 구좌읍에는 아침부터 비가 내리고 있었다. 아미는 숲에 입장할 수 있는지 확인해야 하는 것 아니냐고 물었다. 하지만 이 정도 비로 입장이 제한될 리 없고 혹시 그렇더라도 예약 시 남긴 휴대전화로 고지될 것이 분명했다. 구좌에서 남원까지 한 시간을 달려 한남시험림에 도착했다. 봉사자는 마스크 착용이 필수라고 안내했으나 입구를 벗어나자마자 우리는 마스크를 벗을 수밖에 없었다. 숲속이었고 우리 말고 다른 사람은 없었으니까. 매일매일 제주행 비행기가 만석인 초성수기임에도 이 숲을 거닐고 있는 사람이 우리뿐이라니!

빗방울은 구좌읍이 있는 동쪽의 차지였다. 한남시험림이 있는 남원은 흙이 촉촉하긴 했지만 빗방울은 떨어지진 않았다. 몸색이 누런 지렁이가 땅에서 꿈틀거릴 때, 빨간색 열매가 포도송이처럼 달린 천남성이 시선을 붙잡을 때 아미 남편은 그에 대해 알고 있는 정보들을 주섬주섬 풀어냈다. 숲에 이야기가 더해지니 더 유심히 오래 바라보게 되었다.

울창한 수림 사이를 거닐며 우리 셋은 쓰고 싶은 글 이야기를 나눴다(아미 남편은 웹소설 작가이다). 제주 여행에 대해 글을 써보고 싶어졌다. 코로나로 모든 국경이 문을 걸어 잠근 상황에서 유일하게 내 숨통을 트여준 곳이 제주였다. 제주의 숨은 자연을 찾는 것이야말로 언택트 여행이 아니고 무엇이란 말인가! 제주에는 언택트 여행이 가능한 숲과 바다가 너무 많은데 어째서 사람들은 올레길, 유명 카페, 관광지가 된 숲에만 가는 것일까 안타까웠다.

삼나무전시림에 도착해 '마스크 없이 숨 쉬는 게 이리 행복하다니!', '이런 곳이 제주에 있다니!', '좋다'를 연발하고 '여기 오길 참 잘했구나!' 뭐 이런 대화를 나누며 초콜릿을 나눠 먹었다. 코로나로 아무것도 할 수 없어 우울하기 짝이 없던 여행 작가에게 생기가 돋는다. 좋은 공기 덕분인지, 초콜릿 덕분인지, 쓰고 싶은 글 덕분인지 이유를 하나만 딱 꼽을 수 없지만, 기운이 난다는 건 좋은 일이다.

아미 부부와 한남시험림을 다녀온 오후, 숙소에 앉아 아미와 두런두런 이야기를 나눴다. 구좌읍에 아침부터 내렸다 멈췄다 하는 비는 커피에 더욱 진한 향을 더했다. 코로나와 함께 아미도 나도 여행책 출간 일정이 무기한 연기된 상황. 이대로 두 손을 놓고 보낼 순 없었다. 뭐라도 해야 했다.

"우리 정말, 제주 책 써볼까?"

이럴 때마다 아미와 나는 빠르게 일심동체가 된다. 아미는 바다를 좋아하고 나는 숲을 좋아하니 제주 언택트 여행 콘텐츠로는 최적이지 아니한가! 이미 제주 여행책은 차고 넘치고, 코로나 시국에 무슨 또 여행인가 싶기도 해서 조심스러웠지만. 기획안을 만들고 출판사에 전달해보기로 했다. 가만히 있으면 아무것도 하지 않아도 될걸, 기어이 또 일 하나를 저질렀다.

여행 작가로 코로나 시국을 살아가는 아미와 내가 이 상황에 할 수 있는 최선은 막막한 현실 속에서 아름다운 발걸음을 찾기 위한 작은 시도를 계속 해나가는 것이었다. 그 덕분에 만난 제주의 속살은 우리를 한층 더 성장하게 했다. 그리고 반복해 만날수록 제주를 바라보는 시선에 이전과 다른 온도 차가 생겼다.

동백동산
동백나무는 있지만 동백꽃은 없는 숲

#동백숲 #선흘곶자왈 #용암습지 #람사르보호구역

꽃 대신 '수식어 꽃' 피운 동백동산

이곳 명칭이 '동백동산'이긴 하지만 동백꽃은 찾을 수 없다. 동백나무가 많아 동백동산으로 부르게 된 건 분명하나, 곶자왈 지형이라 동백나무가 꽃을 피우기 어렵기 때문이다. 비록 꽃을 피울 수는 없어도 20여 년 된 동백나무 10만 그루가 굳건히 동산을 지킨다. 동백꽃 대신 유난히 많은 수식어를 꽃피운 이곳은 '제주도 기념물 제10호', '람사르 보호습지구역', '세계 지질 공원 대표 명소', '생물권 보전지역'으로 불린다.

습지가 있는 제주 곶자왈

숲으로 발을 들여놓은 지 몇 분 되지 않아 용암동굴 표지판

이 보인다. 길이 50m 남짓의 미로형 용암동굴인데 수십 명이 한꺼번에 머물 수 있다. 제주 4·3항쟁 당시 피신한 선흘리 주민 약 25명이 이 동굴에서 끌려 나왔고 이중 18명이 인근에서 목숨을 잃었단다. 철문으로 굳게 닫힌 '도틀굴'에 바짝 붙어 굴 내부를 뚫어져라 보지만 아무것도 보이지 않는다. 그저 아픈 세월의 무게만이 묵직하게 가슴에 닿을 뿐이다.

동백나무, 종가시나무, 구실잣밤나무, 황칠나무 등 키가 큰 나무들이 돔을 이룬 숲을 지나자 하늘이 탁 트인 공간에 도착했다. 마치 순간 이동을 해서 다른 세상에 들어온 기분이다. 동백동산은 거문오름의 화산활동으로 이루어져 여느 곶자왈처럼 돌무더기 지형이다. 게다가 용암동굴에 이어 용암 습지라니. 습지 명칭은 멀리 있는 물이라는 '먼물'과 끝이라는 뜻의 '깍'이 합쳐진 '먼물깍'이다.

우거진 수풀 사이 울퉁불퉁한 돌을 요리조리 피해 제주 4·3항쟁의 흔적을 간직한 '도틀굴'과 '숯막터', '상돌언덕(용암언덕)'을 지나면 길 끝에 먼물깍을 만날 수 있다. 예전에는 우물터 혹은 빨래, 목욕하는 공간으로 사용되었다는 게 믿기지 않을 정도로 고요하다. 인기척에도 아랑곳없이 고고한 자태를 뽐내는 학 한 마리가 풍경화 같은 장면을 연출한다. 먼물깍에는 멸종위기종 1급인 비바리뱀, 멸종위기종 2급 팔색조, 긴꼬리딱새 등 희귀 동물이 살고 있다.

용암 습지, 먼물깍

서쪽 입구로 진입 시 만날 수 있는 이정표

제주 유일의 판형

보통 빗물은 고이지 않고 바위나 돌 틈 사이로 새어 나가기 마련인데 이곳은 어떻게 이토록 큰 습지를 가지게 되었을까? 이유인즉 현무암이 굳어서 물을 담게 된 것이란다. 용암이 식을 때 부서지지 않고 판형으로 남은 곳에는 물이 고이는데, 이런 곳을 '파호이호이 용암(pahoehoe lava)'이라 부른다. 제주에서는 동백동산이 유일하다.

제주 자연의 독보적 아름다움

탐방안내소 쪽 입구는 곶자왈이라 느끼지 못할 만큼 길이 잘 정비되어 걷기에 어려움이 없다. 다만 서쪽 입구는 시멘트 길이라 자연을 느끼기에 아쉬운 코스. 탐방안내소-먼물깍 구간은 2.5km이고 탐방안내소-먼물깍-서쪽 입구까지는 3.5km, 서쪽 입구에서 탐방안내소까지는 1.5km. 탐방안내소-먼물깍, 서쪽 입구-먼물깍 중 어느 코스를 선택하더라도 독보적인 제주 자연의 가치와 운치를 만날 수 있다.

info.
주소 제주특별자치도 제주시 동백로 77
연락처 064-784-9445
이용 시간 09:00~18:00

이용료 무료

편의 시설 탐방안내소, 주차장, 화장실(서쪽 입구에는 편의 시설 없음)

홈페이지 ramsar.co.kr

참고 사항 해설 프로그램 운영(무료, 홈페이지 참조)

선흘장터가 열리기도 하는 탐방안내소 쪽 입구

forest
02

비자림
별다른 수식어 없이 그 자체로 명품인 숲

#비자나무 #단순림 #천연기념물 #힐링숲

사시사철 푸른 숲, 사시사철 많은 사람

제주를 찾는 여행객이라면 한 번은 들어봤을 법한 숲, 바로 비자림이다. 수많은 관광객이 선호하는 숲으로 접근성이 높고, 가장 편하게 둘러볼 수 있는 환경을 갖췄다. 덕분에 오전 10시만 넘어도 주차장에 빈자리를 찾기 힘들다. 사시사철 푸르른 숲이 사시사철 많은 사람으로 북적이니, 인파에 떠밀리기 싫다면 아침 일찍 방문하는 것이 좋다.

비자나무 천국, 편의 시설 천국

비자림은 말 그대로 비자나무 숲이다. 천연기념물 제374호로 지정된 비자림에는 500~800년 생의 비자나무 2,800여 그루가

제주를 대표하는 천연자원 송이로 만든 탐방로

비자나무 열매

밀집되었다. 7~14m 높이의 거목들이 집합해 있는 것이 믿기지 않을 정도. 크기보다 더 놀라운 건 나무의 둘레다. 유난히 굵은 나무를 볼 수 있는데 이는 바람 많은 제주가 만들어낸 결과물이다. 바람이 거세 높이 자라지 못하고 둘레가 굵어 우람해진 것.

비자림은 숲을 산책하기 더할 나위 없는 조건을 가졌다. 일단 평지다. 그리고 A, B코스가 단순하고 왕복 2.2~3.2km로 짧다. 약간의 입장료가 있지만 천연기념물 보호와 관리에 사용한다고 생각하면 그리 비싼 비용은 아니다. 화장실, 매점 등 편의 시설도 잘 갖췄다. 제주 숲 중 가장 좋은 편의 환경을 가졌다 해도 과언이 아닐 정도다. 탐방로는 A코스인 송이로(2.2km)와 B코스인 오솔길(1km, 일부 돌멩이길)이 있으며, A코스는 휠체어나 유모차 이용도 가능하다. 다만, 무장애길이 아니라는 점은 참고하자.

단일수종으로 형성된 단순림의 최대

비자나무가 살아온 생명력에 한 번 놀라고, 그 웅장함에 다시 한 번 놀라게 되는 비자림. 하이라이트는 벼락 맞고도 살아남은 비자나무, 1만 그루의 비자나무 중 가장 굵고 웅장한 새천년 비자나무, 두 개의 가지가 하나로 만나는 연리목이다.

억겁의 시간을 안고 있는 비자나무가 만들어낸 갖가지 풍경이 시선을 빼앗는 데다가 비자나무에 기생하는 풍란, 콩짜개란, 비자란 등 희귀식물을 찾아보는 즐거움도 크다. 비자나무 같은 침

엽수림에서 많이 나오는 테르펜 성분에 몸과 마음을 내어주면서 말이다.

언제나 걷기 좋은 숲

사실 비자림이 어떤 경로로 형성되었는지는 확실히 전해지지 않는다. 마을에서 신에게 올리는 무제를 지낼 때 사용한 비자나무 열매가 사방으로 퍼져 자라났거나, 혹은 한라산 고지대로부터 자연적으로 퍼져 생성되었다는 견해만 있을 뿐 문헌에서조차 찾아보긴 어렵다.

나뭇가지 덕에 하늘이 보일락말락하다. 나무 터널은 한여름의 무더위를 가려주고, 자박자박 걸을 수 있는 송이길은 쏟아지는 비를 안아준다. 그렇기에 천년의 향기가 녹아든 비자림 걷기에 좋지 않은 때란 없다.

info.
주소 제주특별자치도 제주시 구좌읍 비자숲길 55
연락처 064-710-7912
이용 시간 09:00~18:00
이용료 유료
편의 시설 주차장, 화장실, 매점, 음용대, 휠체어 무료 대여
참고 사항 반려동물 입장 불가, 취식 불가, 해설 프로그램 운영(무료)

비밀의숲
비밀 없는 '비밀의숲'

#안돌오름 #편백나무숲 #SNS성지 #포토존

SNS 성지

우도에 취재하러 가는 아미를 성산항에 내려주고 숲 취재에 나섰다. 네 시간 이상 걸리는 숲에는 들어갈 수 없을 것 같아 한라생태숲을 돌아본 후, '책에 사용할 사진이나 찍자'는 생각에 비밀의숲으로 향했다. 동선도, 시간 활용에도 딱 맞는 선택이었다.

너무나 대중적인 곳이 된 터라 비밀 하나 남아 있지 않은 그 숲에 당연히 기대는 없었다. 매끈한 비자림로를 벗어나 숲으로 들어가는 길은 울퉁불퉁 비포장도로였다. 움푹 파인 곳이 많아 속도를 낼 수가 없다. 이 불편함을 감수하면서까지 꼭 가야 하는 곳일까 의문이 들 때쯤 나타난 주차장 앞에 서서 '앗! 사람들은 이 불편함을 감수하면서 오는구나!' 하며 놀랐다. 유명 음식점 주차장

신비로운 분위기의 비밀의 숲

편백나무숲 사이로 유채꽃과 메밀꽃을 심기도 한다.

목초지에서 즐기는 피크닉

을 연상시킬 만큼 많은 차량들이 늘어서 있었기 때문이다.

인생 숏은 열정적으로

'안돌오름 비밀의숲'으로 알려진 이곳. 그런데 오름과 달리 숲은 사유지인 탓에 입장료를 현금으로 냈다(2022년 10월 기준 3,000원 현금 또는 이체만 가능). 명성을 얻기 전에는 주로 웨딩 촬영을 하러 오는 커플들이 많았고 알음알음 입소문이 나면서 관광지가 되었다. 주차된 차량보다 더 많은 숫자의 사람들이 숲에 있어서 떠밀리듯 움직여야 했다.

입장료를 받는 민트색 트레일러, 나 홀로 나무, 야자수 그네를 비롯해 곳곳이 모두 포토존이다. 나무도 깨끗하게 이발한 것처럼 다듬어져 있다. 원하는 장소에서 사진 한 장 담기엔 꽤 오랜 시간을 기다려야 했다. 사람들은 겹겹이 서서 차례를 기다리며 비밀의 숲 이곳저곳을 배경으로 인생 숏 남기기에 여념 없다.

목초지까지 오니 탁 트인 시야가 한결 숨통을 트이게 한다. 웨딩 촬영지로 각광받는 곳답게 촬영에 임하는 커플은 수많은 사람의 시선도 아랑곳하지 않고 포토그래퍼가 요구하는 대로 최선을 다했다. 그 너머 한 가족이 피크닉 중이다. 목초지 끝에 이 숲의 하이라이트라 불리는 편백나무 숲이 있다. 숲이라고 하기엔 작은 규모이지만 짧은 거리를 걸어서 멋진 숲을 만날 수 있고 포토존도 많다 보니 너도 나도 찾는 듯하다. 화장실 같은 편의 시설이 없는 데도 말이다. 거닐다 보니 가족, 커플, 친구로 보이는 일행이 대부분이고 나처럼 홀로 온 사람은 보이지 않는다.

안돌오름에게도 관심을

당초 계획보다 일찍 배를 탔다며 아미가 도착 시간을 알려왔다. 픽업을 위해 서둘러, 아무런 미련도 없이 숲에서 빠져나왔다. '안돌오름 비밀의숲'이지만, 억새가 춤추는 93m의 비교적 낮은 오름인 안돌오름에 가는 이들은 극소수이고 비밀의숲만 인기다. 비밀 없는 비밀의숲보다 안돌오름이 더 비밀스러운 건 아닌지 모르겠다.

info.

주소 제주특별자치도 제주시 구좌읍 송당리 2173(송당리 1887-1 도착 후 '송당리 2173' 검색하면 포장도로 이용 가능)

연락처 0507-1323-4609

이용 시간 09:00~18:20

이용료 유료

편의 시설 주차장, 간단한 음료 및 쿠키 구매 가능

주의 사항 소형견 입장 가능(목줄 착용, 배변 봉투 필수)

교래곶자왈
휴양림에서 누리는 곶자왈 생태 체험

#곶자왈 #캠핑 #휴양림 #생태체험 #큰지그리오름

휴양림에서 즐기는 곶자왈

휴양림만 있는 것이 아니라 생태 관찰로, 오름 산책로 등 여러 즐길 거리가 있는 곳이 바로 교래자연휴양림이다. 교래자연휴양림 안에 교래곶자왈이 있다. 곶자왈 생태 체험이 가능한 제주 유일의 휴양림이자 곶자왈 지대에 조성한 최초의 자연휴양림이다. 말 그대로 휴양림 내에서 며칠 머물며 제주의 자연과 숲이 주는 기운을 잔뜩 품을 수 있는 곳이다.

아이들에게도 천국이다. 천연 잔디를 마음껏 활보할 수 있고 마냥 뛰어놀아도 위험 요소 하나 없다. 유아들을 위한 숲 체험 공간도 있어 오감을 통한 자연 놀이를 할 수 있다. 캠핑하며 만나는 노루, 밤이면 쏟아지는 별빛은 휴양림이 숨겨둔 보물일지도 모른다.

교래곶자왈 숲길

잎이 떡 벌어질 정도로 놀라운 편백나무숲

교래곶자왈은 휴양림을 통해 입장해야 하는데, 그 입구부터 현무암으로 가득해 제주 향기가 물씬 풍긴다. 돌로 지은 움막, 돌로 지은 가마 등 죄다 돌이다. 그저 돌계단처럼 보이는데 알고 보면 야외 교실이기도 하다. 숙박 시설 외관은 여전히 전통 초가라서 토속적인 느낌도 들지만 초가동, 휴양관, 야외 데크 시설은 뛰어나다.

곶자왈+편백나무숲+오름=자연의 선물

교래곶자왈에서는 곶자왈은 물론 오름까지 모두 즐길 수 있다. 오름 산책로를 따르면 곶자왈을 만나게 되고 그 끝에는 큰지그리오름이 있다. 큰지그리오름으로 오르는 길은 모두 세 곳이 있는데 교래자연휴양림을 통해 오르는 탐방로가 가장 잘 정비되었다. 길을 따라 때죽나무, 졸참나무, 서어나무 등이 거대한 바위를 뚫고서 생을 지탱하고 있다. 제주답게 고사리류의 양치식물도 풍부하다.

거친 숨을 몰아쉴 때쯤 갑자기 펼쳐지는 편백나무 모습이 '이게 꿈인가' 싶을 정도다. 예상치 못한 자연이라 반가움이 배가 되는 듯하다. 하늘 높이 뻗어 있는 편백나무숲에 마련된 평상에 누워 한나절도 쉬어갈 수 있을 것 같다. 편백나무숲에서 얼마 오르지 않아 정상에 도착한다. 저절로 입이 떡하니 벌어지는 풍경이다. 데크에 걸터앉아 물 한 모금 삼키며 눈에 모든 풍경을 담는다. 서쪽으로 한라산, 동쪽으로 바농오름을 비롯한 크고 작은 오름, 그리고 아래로 곶자왈이 초록 양탄자를 깔아놓은 듯하다. 그늘 하나 없는 전망대이지만 사방으로 탁 트인 풍경 덕분에 더위를 잠시 잊게 된다.

초보 캠퍼라면, 교래곶자왈에서 하루

휴양지구, 야영지구, 삼림욕지구, 생태체험지구까지. 곶자왈 및 숲길 코스와 함께 숙박과 야영이 가능하니 캠핑을 좋아하는 이들에게 더할 나위 없이 좋은 곳, 낭만 넘치는 힐링 캠핑장이다. 다양한 시설에서 다채로운 경험과 체험을 할 수 있는 교래곶자왈에서 바다보다 더 깊은 숲을 만날 수 있다.

info.
주소 제주특별자치도 제주시 조천읍 남조로 2023
연락처 064-710-7475
이용 시간 하절기 07:00~16:00/ 동절기 07:00~15:00
이용료 유료
편의 시설 주차장, 화장실, 매점, 생태체험관, 전시관 및 곶자왈 투어(무료)

제주는 숲과 바다_Part 1. 나의 숲

삼다수숲
화산암반수 챙겨 숲 한 바퀴

#화산암반수 #삼다수 #힐링숲 #지질트레일 #코스선택가능

삼다수 이름을 딴 숲

뭍에서 800원~1,000원 정도 하는 500ml 생수 페트병 하나를 제주도에 가면 300원, 혹은 400원에 살 수 있다. 모든 브랜드의 생수가 그런 건 아니고 제주에서 생산하는 '삼다수'가 그렇다. 뭍에서는 타 생수 대비 몇 백 원 정도 비싼 삼다수가 제주에서만큼은 저렴하다. 삼다수의 생산을 제주특별자치도 개발공사에서 맡아 하는 덕분이다.

교래리에 있는 삼다수숲은 생수 브랜드인 '삼다수'와 무슨 관계일까? 700년의 설촌 유래를 가진 교래리는 말 방목터이자 사냥터였다. 이 지역에서 1998년부터 국민 생수인 삼다수를 생산하고, 제주특별자치도 개발공사와 지역 주민들이 함께 힘을 합쳐 임도로 사용하던 곳에 숲길을 냈다. 그 길이 바로 '삼다수숲길'인 것.

숲속에서 먹이를 찾다가 나와 눈이 마주친 노루

숲길을 알려주는 리본

마을도 '교래삼다수마을'이라 불린다. 2010년 숲길 개장 이후 삼다수마을은 제주도의 13번째 국가 지질공원 대표 명소*로 지정되어 지질 트레일로 관리 운영되고 있다.

산책에서 트레킹까지, 코스별 선택

삼다수 숲에는 주차장이 없다. 교래소공원 주차장 이용 후 20분가량 걷거나, 교래2길 중간중간 갓길에 주차 후 30~40분가량 걸어야 한다. 숲 입구에 주차장이 없는 이유는 탐방객이나 자동차 등에 따른 소음 발생으로 인해 제주마 생육에 지장을 초래할 수 있기 때문이다.

접근성이 좋지 않아 이곳을 찾는 사람들은 드문 편이다. 덕분에 조용히 숲을 걷기 제격이다. 삼다수숲은 모두 8.2km로 세 개의 코스를 품었다. 개인 컨디션에 맞춰 코스를 선택하기 좋은데 고즈넉하고 평탄하게 산책'만' 하고 싶다면 30~40분 소요되는 꽃길 A코스(1.2Km)를 추천한다. 조릿대 군락과 삼나무가 채운 숲을 만나고 싶다면 세 시간이 소요되는 테우리길 B코스(5.2Km), 박새나 딱딱구리 군락지까지 만나고 싶다면 다섯 시간이 소요되는 사농바치 C코스(8.2Km)를 선택하면 된다. C코스를 걸을 때 귀를 활짝 열어둔다면 각양각색의 새소리가 청각에 새로움을 더해줄 것이다.

삼나무, 조릿대와 함께 걷는 즐거움

코스 대부분 한적하고 산과 들이 교집합을 이루는 해발 450m 중산간에 있어 걷기 편하다. 일부 구간 오르막과 내리막, 곶자왈 지대가 있지만 경사가 급하지 않다. 특히, B코스는 C코스의 절반 코스로 인기가 좋은데 단풍나무 군락지도 있어 그 경치가 사뭇 남다르다.

삼다수숲길을 걸을 때 진행 방향 오른쪽으로 천미천이 있다. 노루물이나 용암 흔적이 있어 바위에 살짝 걸쳐 한숨 돌리거나 땀을 식히기에도 제격이다. 1970년대 말 심었다는 삼나무는 30m가 넘는 거목으로 자랐다. 키 큰 나무들 덕에 여름날의 한낮에도 태양을 피해 호젓함과 싱그러움을 느낄 수 있다.

info.

주소 제주특별자치도 제주시 조천읍 교래리 산70-1
연락처 064-782-1746(교래삼다수마을위원회)
이용료 무료
편의 시설 주차장, 화장실(교래리소공원 이용), 매점
주의 사항 반려동물 입장 불가

* 지질공원 대표 명소: 지구과학적으로 중요하고 아름다운 경관을 지닌 장소. 자연, 인문, 사회, 문화, 전통 등이 포함되어 지역 주민의 경제적 이익과 지속 가능한 발전을 추구하는 공원이다. 4년마다 재인증을 받는다. 제주는 화산지형의 원형이 잘 보존된 곳으로 섬 전체가 지질공원이다. 이중 지질공원 대표 명소는 교래삼다수마을을 비롯해 한라산, 성산일출봉, 산방산, 수월봉, 만장굴 등 13곳이다.

essay

숲에서
'안녕하세요!'를 외치다

숲에서 종종 나처럼 혼자 온 사람들을 만난다. 그러나 대부분 둘셋, 혹은 그 이상이 함께 걷는 모습을 본다. 인적이 드문 숲은 위험할 수 있다지만 다행히 지금까지 큰일을 겪은 적은 없다. 멧돼지 출몰 지역이라는 현수막을 보거나 들개가 가축 말고 사람까지 공격한다는 기사를 접하고서 겁 먹은 적이야 있지만. '진짜 멧돼지를 만나면 어떡하지?', '들개한테 물리면 어쩌지?' 하는 걱정을 하지 않았다면 새빨간 거짓말일 테다. 사실 혼자 숲을 걷다 누군가 만나게 되면 상대가 눈치채지 못하는 범위 내에서 걸음의 속도를 맞추곤 한다. 그렇게 따라 걷다가 눈이 마주치면? 당황하는 대신 큰 소리로 인사를 건넨다. "안녕하세요!" 하고.

어린 시절 동생과 나는 아빠를 따라 산에 오르곤 했다. 아빠는 산을 오르내리다 만나는 사람들과 인사를 나누곤 했다. 어린 마음에 '우리 아빠 진짜 아는 사람 많구나!' 싶었는데, 그중 아빠가 정말 아는 사람은 10퍼센트도 되지 않는다는 사실을 나중에 알았다. 아빠는 왜 그렇게 모르는 사람에게 인사를 건넨 걸까. 아무튼 그 기억 때문인지 나 역시 생면부지인 이들에게 '안녕하세요'라며 인사한다. 이름 모를 풀, 나무에게도 반가움을 표하는데 사람이라고 못 할까.

히말라야에서는 트레킹하며 만나는 이들끼리 '나마스테(Namaste)'라고 인사한다. 나마스테는 '내 안의 신이 당신 안의 신께 인사드립니다'라는 산스크리트어로, 서로에 대한 존중의 의미가 담겼다. 특별한 목적이 있어 인사를 나눈다기보다는 서로를 향한 존중과 자연 안에서 함께 만난 반가움을 표하며, 걷는 즐거움을 나누고픈 마음이랄까.

세상에서 제일 쉽고도 어려운 일이 인사라고도 한다. 숲에서 계절과 자연과 인사를 나누는 것도 좋지만 그 길 위에서 만나는 이들과도 인사를 나눠보자. 숲을 걷는 발걸음이 조금 더 편안해질지도 모른다.

사려니숲
숲, 어디까지 가봤니?

#무장애나눔길 #방문자수1위 #접근성 #비오는날숲

비가 와도 걷기 좋은 숲

며칠째 비가 세차게 쏟아졌다가 추적추적 내렸다가 하면서 그칠 줄 모른다. 그렇다고 숙소에만 머물 순 없는 노릇. "나가자!" 하면서 떠올린 건 사려니숲이다. 비 오는 날 걷기 좋은 숲으로 사려니숲을 선택한 까닭은 순탄한 평지로 이뤄진 까닭이다. 1112번 도로(비자림로)에 있는 비자림로숲 입구에서 시작해 붉은오름 입구 쪽으로 나와야지 마음먹었다.

비자림로 쪽 주차장은 입구에서 2.5km 떨어진 곳에 있어 한 시간가량 더 걸어야 한다. 대중교통을 이용하면 붉은오름 쪽 주차장까지 갈 수 있고, 붉은오름 쪽 입구부터 조성된 1.3km의 무장애나눔길 코스를 거닐 수 있다(붉은오름 쪽 입구 주차장 있음). 개

비에 젖고 안개를 머금은 사려니숲의 비경

무장애나눔길을 즐기는 우비 소녀

어린이, 노약자, 임산부, 장애인 등 모든 사람들이 이용할 수 있는 무장애나눔길

중에는 삼나무숲이 있는 월든삼거리(3.6km)나 물찻오름(4.3km)까지 다녀오는 이들도 있다.

비가 어영부영하게 내린다. 우산을 쓰거나 우비를 입자니 거추장스럽고, 그냥 걷자니 이내 몸이 젖을 듯해 걱정이다. 약간의 불편은 감수하기로 하고 우비도 우산도 모두 펼쳤다. 오전 10시를 조금 넘긴 시각이지만 인적이라곤 입구 안내소를 지키는 직원이 전부. 이 숲을 오롯이 혼자 즐기는 사치라니, 이 순간 마음만은 부자다. 우비에 달린 모자를 썼더니 타박타박 화산송이 길을 밟는 걸음 소리가 유난히 또렷하게 들린다. 작은 소리도 훨씬 크게 들리는 것 같아 아무도 없는 숲길이 왠지 좀 으스스하다. 씩씩하게 걸음을 옮겨보지만, 천미천 즈음에서 '멧돼지 출현 지역 주의 사항'이라고 적힌 플랜카드를 보니 마음이 쿵 하고 오그라든다.

숲에서 만난 제주 인심

천천히 걷고 싶은데 진짜 멧돼지를 만나게 될까 봐서 발걸음이 제멋대로 빨라진다. 종종 반대 방향에서 오는 여행자를 보면 안도의 한숨이 나왔다. 그러다가 나를 앞지르는 탐방객을 만났다. 더는 혼자가 아니란 안도감에 걸음의 속도를 높여 그와 적당한 간격을 유지하며 걸었다. 곧 그 아즈망과 말을 트게 되었다. 아즈망은 홀로 걷는 내게 제주는 참 좋은 길이 많다며 이곳저곳 알려주는가 하면, 물찻오름 근처 휴게 공간에서 잠시 쉬었다 함께 가자며 길동무를 자처했다. 삶은 감자, 귤, 커피까지. 아즈망이 베푸는 인심은 끝이 없었다. 붉은오름 입구 쪽으로 나오는 길에는 약초를 하나하나 따서 이름을 알려주고 산초, 양하처럼 먹을 수 있는 것은 맛도 보게 해줬다. 등산 스틱 없이 다니는 내가 안쓰러웠는지 본인의 스틱까지 내어주려는 것을 너무나 감사하여 마음만 받았다.

사려니숲의 진면목

삼나무와 편백나무, 참꽃나무, 소나무, 산딸나무 등이 비와 함께 어우러져 만든 안개 더미가 몽환적인 분위기를 자아낸다. '신성한 공간'이란 뜻의 사려니숲과 안개의 조화가 궁금하다면 비 오는 날에 방문하여 그 진면목을 확인해보자.

info.
주소 비자림로 입구: 제주특별자치도 제주시 봉개동 산64-5
　　　붉은오름 쪽 입구(남조로): 서귀포시 표선면 가시리(한라산둘레길, 사려니숲길
　　　입구)
연락처 064-900-8800
이용 시간 09:00~17:00
이용료 무료
편의 시설 안내센터, 주차장, 푸드트럭(붉은오름 쪽 입구), 화장실

비 오는 날 걷기에 제격인 사려니숲

한라생태숲
방목지를 업사이클링하다

#업사이클링 #무장애탐방로 #숲같은공원 #생명의숲

버려진 방목지, 숲이 되다

제주에는 버려지는 것이 많다. 바다를 떠다니는 해양 쓰레기는 말할 것도 없고 오름과 들판에 버려지는 쓰레기까지. 그뿐만 아니라 제주에 버려지는 유기견이 많은데 뉴스를 통해 보도될 만큼 심각한 수준이다. 오래전 목장이 많던 제주에는 버려진 방목지도 많았다. 한라생태숲은 소 방목지였으나 오랜 방치로 훼손되었다. 시간을 되돌릴 수는 없지만 제주도는 꾸준히 작은 한라산이라고 불릴 정도의 '숲'을 조성했고, 한 해 30만 명이나 찾는 명소로 업사이클링했다.

해발 600m에 위치한 한라생태숲은 축구장 250개 크기다. 수생식물원, 산열매나무숲, 구상나무숲, 벚나무숲, 꽃나무숲, 단풍나무숲, 양치식물원 등 테마별로 구성된 것은 물론이고 난대식물에서부터 고산식물에 이르기까지 제주 식물을 한자리에서 볼 수 있는 곳이다. 다양한 식생이 안정화되자 노루, 애기뿔소똥구리 같은 동물의 터전이 되기도 했다. 동식물이 한곳에서 함께 살아가듯 한라생태숲은 전 코스가 무장애탐방로로 누구나 편하게 탐방하기 좋다. 중간에 마련된 쉼터에서 간식을 먹거나 한숨 쉬어갈 수도 있어, 숲보다는 공원 같은 곳이기도 하다.

사람도 자연도 회복되는 곳

연리목을 시작으로 벚나무숲, 구상나무숲 방향으로 걸었다. 산열매가 영글어갈 6월, 삼삼오오 모인 탐방객이 무언가에 열중이었다. 슬쩍 보니 다름 아닌 산뽕나무 열매였다. 빨갛던 열매가 검푸르게 익어가는 중이었다. 흐트러지지 않고 잘 익은 열매 하나를 따 입에 넣었다. 혼자 먹기 아까운 맛이다. 손바닥이 물들거나 말거나 몇 개 더 따 간식처럼 먹으며 탐방로를 걸었더니 어느새 수생식물원 앞이다.

수생식물원에 마련된 전망대에 올라 연꽃을 내려다보고 참꽃나무숲으로 시선을 돌렸는데 벤치에 앉은 모녀가 눈에 들어왔다. 20대처럼 보이는 딸의 머리가 여느 20대처럼 보이지 않아 몸이 아프구나 하고 직감했다. 괜찮다면 사진을 찍어드려도 될지 양해를 구했다. 흔쾌히 수락한 모녀의 모습이 카메라 앵글 안에 담겼다. 누구보다 환하게 웃는 딸, 그러한 딸을 흐뭇하게 바라보는 엄마의 눈동자에 세상 모든 행복이 담긴 듯하다. 항암 치료 중인 딸과 함께 제주에서 요양 중인 모녀에게 그 어떤 곳보다 좋은 휴식처는 이 숲이리라.

그늘 없어 뜨거운 시간대 피해야

한라생태숲은 탐방로 조성은 잘 되어 있지만, 탐방로 자체에 그늘이 형성되지 않아 무더운 여름이나 태양이 뜨거운 시간은 피하는 것이 좋다. 방문 시간을 선택할 여유가 없다면 꼭 생수, 모자, 선글라스를 준비하자. 또한, 유아숲체험원도 잘 꾸며져 있어 아이들과 함께 방문해도 지루하지 않은 시간을 보낼 수 있다.

info.
주소 제주특별자치도 제주시 516로 2596
연락처 064-710-8688
이용료 무료
이용 시간 하절기 09:00~18:00 / 동절기 09:00~17:00
편의 시설 주차장, 화장실, 전망대, 식수대
홈페이지 www.jeju.go.kr/hallaecoforest/index.htm

나무 아래에서 편안해 보이던 모녀

나무들이 제 색을 찾아가는 계절에 만난 신뽕나무 열매 오디

중잣성생태탐방로(물영아리오름)
숲길을 따라 오름까지 즐기다

#분화구 #람사르습지 #국내최초습지보호구역 #생태탐방로

오름과 함께 즐기는 신상 숲길

오름 정상에 분화구가 있고 그 안에 습지가 있다. 고도 508m 에서 만나는 습지는 어떤 모습일까. 람사르습지로 지정되어 보존 가치가 높아진 곳이지만 영화 <늑대소년> 촬영지로 더 알려졌다. 늑대소년이 코흘리개 동네 아이들과 야구를 하던 장소이다. 물영 아리오름은 영화 촬영 덕분에 주목받았지만 중잣성생태탐방로는 2019년 조성된 신상 길이다. '잣성*'은 조선시대 제주 중산간 목초 지역에 쌓아 만든 돌담으로 제주의 목축문화를 보여주는 대표적 인 것이다. 이 탐방로는 물영아리오름과 연결되어 있어 함께 다녀 오기 좋다.

소가 물 찾아 오른 곳, 국내 최초 습지보호지역

'영아리'는 신령스러운 산을 의미한다. 또한 분화구에 물이 고인 습지 형태라서 '물'이라는 접두어가 붙었다. '비가 내리면 물이 고여 연못이 된다'라는 데서 유래된 지명이다. 11개의 제주 습지 오름 중 경관이 뛰어나기로 손꼽히는 물영아리오름은 2000년 우리나라 최초의 습지보호지역으로 선정되었다. 부연 설명이 없더라도 어떤 가치가 있는지, 보존의 이유가 무엇인지 알게 되는 대목이다. 한때 붉은 열로 들끓었을 분화구는 억겁의 시간이 지나 신비스럽고 평화로운 모습이다. 데크 위 사람들의 시선 따위 아랑곳하지 않는 노루 가족이 한가로이 먹이를 찾을 만큼 말이다.

분화구에서 만난 제주 토박이 삼촌 말로는 목장 물이 마르면 방목된 소들이 물을 찾아 오름 정상으로 왔다고 한다. 탐방길 초입에서 만난 소 떼의 모습이 떠올랐다. 지금에야 계단이 설치되었지만 물을 마시겠다며 이 험한 길을 올랐다고? 그 억척스럽고도 순수한 생명력이 놀랍다.

꼭 오름에 오르지 않더라도 탐방로를 따라 펼쳐지는 숲길에서 제주의 목가적인 아름다움을 느껴보는 건 어떨까. 탐방로만 걷는다면 2km 남짓 한 거리라 한 시간이 채 걸리지 않지만 오름과 함께 둘러본다면 넉넉히 두 시간 정도 계획하자.

오름은 초입부터 530m가량이 가파른 계단으로 되어 있다. 중잣성탐방로 혹은 기존 탐방로인 평지길을 선택한 후, 삼나무숲과 전망대를 지나 480m의 능선길(산정분화구 계단)을 이용해 분화구를 본 다음, 계단길로 내려오는 것을 추천한다. 탐방로는 평지로 완만하고 쾌적해 걷기의 즐거움을 느낄 수 있는 구간이다. 단, 계단길은 명칭처럼 '계단'으로 이어진다. 쉼터 두세 곳이 마련되어 있으니 힘들다면 잠시 쉬어가도 좋다. 토박이 삼촌은 비가 오거나 안개가 낀 날이 제격이라고 덧붙이며 장마철 호수를 품은 모습, 이외 계절의 습지까지. 여러 색을 가진 곳이 이곳이라 했다.

info.
주소 제주특별자치도 서귀포시 남원읍 남조로 988-3(물영아리 탐방안내소)
연락처 064-728-6200
이용료 무료
편의 시설 탐방안내소, 주차장, 화장실
주의 사항 반려동물 입장 금지

* 잣성 : 위치에 따라서 하잣성, 중잣성, 상잣성으로 나뉜다. 해발 150~250m 일대의 하잣성, 해발 350~400m 일대의 중잣성, 해발 450~600m 일대의 상잣성. '하잣성'은 말이 농경지에 들어가 농작물을 해치지 않기 위함이고 '중잣성'은 말이 농경지나 산림 지역으로 들어가는 것을 막기 위함이다. '상잣성'은 말이 한라산 산림으로 들어갔다 얼어 죽는 사고를 방지하기 위해 만들어졌다.

걷기 좋은 중잣성생태탐방로

국내 최초 습지보호구역 물영아리오름

essay

제주 땅의 기운을 품고
제주 숲을 걷다

숲과 바다 이야기를 담기 위해 아미와 일정을 맞추고 이동 수단과 숙소를 예약하는 데 걸린 시간은 30분 남짓. 일산의 어느 카페에서 브런치 메뉴를 주문해두고 모든 걸 뚝딱 해결했다. 어디론가 떠날 때 우리의 실행 속도는 일사천리다. 습관처럼 항공권 예약 앱을 열었다가 아차 싶었다. 코로나 이후 렌터카 비용이 천정부지로 뛰어 차를 가지고 가기로 했던 것이다. 출고한 지 일 년 된 아미의 자동차도 출장에 동행하기 위해 배를 예약했다. 고생할 몸의 노동 비용은 셈하지 않았지만 일산-여수, 여수-제주로 이동하는 것이 비용 절감에 도움이 되는 건 확실했다.

숲은 여느 계절에 가도 큰 영향을 받지 않는다. 시기마다 개화하는 꽃송이가 달라 보고 싶은 꽃을 놓칠 순 있겠지만 비 오는 날에도 충분히 숲 탐방이 가능하니까. 하지만 바다는 상황이 다르다. 바다에서의 활동엔 날씨 운이 꼭 따라야 했다. 우리는 무더위가 기승을 부리기 전, 제주 장마가 시작된다는 6월에 제주로 떠났다.

매번 하늘길로만 다니다가 바다 위를 떠가는 경험은 색달랐다. 자동차 선적과 배에서의 하룻밤은 난생처음인데 괜찮을까 걱정도 했지만. 선적은 직원의 안내를 따르면 끝날 일이고 자는 거? 베개에 머리가 닿기만 하면 잠드는 우리다. 혹시라도 파고에 잠을 설치려나, 이왕 배를 타는 거 새벽에 일출을 볼까 하는 생각도 들었다. 하지만 우리는 선실에 울리는 하선 안내 방송을 듣고서야 개운하게 아침을 맞이했다.

제주항에 도착한 뒤 첫 목적지로 정한 곳은 고사리육개장집. 제주에 오면 통과의례처럼 한 번은 들리는 곳이다. '아침이니 사람이 덜 붐비겠지?' 하는 생각으로 오전 8시가 조금 지난 시각 식당을 찾았으나 가게 앞과 대기실이 인파로 가득하다. 웬만하면 줄 서서 먹는 건 피하고 싶은 나지만 고사리육개장이 뭐라고 얌전히 줄을 섰다. 결국 한 시간을 기다렸다. 아미가 이 기다림을 싫어하지 않아서 얼마나 고마운지 모른다(아미는 이미 고사리육개장에 대한 내 진심을 알고 있다).

고사리육개장은 죽인데 국 같고, 국인데 죽 같다. 걸쭉한데 텁텁하지 않고, 뛰어난 맛에 한참 못 미치는 비주얼을 가진 제주 전통 음식이자 향토 음식이다. 제주 사람들이 많이 먹는 돼지 뼈로 국물을 내고 제주에 지천으로 깔린 고사리를 잘게 찢어 넣어 푸욱 곤 다음 척박한 제주 땅에서도 잘 자라는 메밀을 넣었다. 제주의 식재료가 한가득 담긴 고사리육개장을 첫 끼로 먹으니 마음마저 든든해진다.

설문대할망이 만든 제주. 그 땅의 기운이 가득 담긴 한 그릇을 먹고 숲에 들어가면 지천으로 깔린 고사리가 다시 보이기 시작한다. 숲 입구나 주변 들판으로 고사리가 널렸기 때문이다. 종종 숲에서 나오는 이들 손에 들린 고사리 한 더미가 꽃다발처럼 보이기도 한다. 제주 고사리는 줄기를 꺾어도 아홉 번까지 새순이 돋아난다. 참 질긴 생명력이다. 제주 땅에서 쑥쑥 자라나는 고사리가 내 배 속으로 들어와 또 다른 영양분이 되어준다. 그 힘으로 뚜벅뚜벅 걷는다.

수망리 마흐니숲
신비로운 길의 반전

#수망리 #마흐니궤 #마흐니오름 #용암길

뚝뚝 끊어진 길

물영아리오름과 2차선 도로 하나를 사이에 두고 수망리 마흐니숲이 있다. 마흐니숲은 명칭에서 왠지 모를 세련미와 이국적인 정취가 느껴진다. '수망리'는 서귀포 남원읍의 지명이고 '마흐니'는 원말이 '머흐니'인 제주 방언이다. 그 뜻이 '험하고 사납다' 또는 '험하고 거칠다'라니, 얼마나 거친 숲일지 걱정이 되었다.

입구에서 시작된 시멘트 길은 한낮의 태양 기운을 머금고서 찌는 듯한 더위로 반겼다. 그늘 하나 없는 길을 따라 걷는데 들꽃과 나비 그리고 고사리가 자꾸만 시선을 붙잡는다. 바람 한 줄기 불지 않아 몇 분 걷지 않았는데 온몸에 땀이 송골송골 맺혔다. 서둘러 숲 안으로 들어가고 싶었지만 무더운 날씨에 탐방로 입구에

마치 한 폭의 그림 같은 푸른 하늘과 초원, 그리고 말 한 마리

생존과 번영이 함께하는 숲

육상 풍력발전지구인 수망리

서 삼나무숲까지 가는 길이 더 멀게만 느껴졌다. 시멘트 길은 뚝뚝 끊겼다가 농지로 이어졌다가, 다시 민가 목장으로 연결되었다. 끊어진 길 중간중간 나타나는 풍력발전기는 바람 대신 거대한 소음만 일으킬 뿐이었다.

사람이 반가운 숲

하늘이 보이지 않을 정도의 삼나무숲은 상상했던 것보다 거대했다. 이런 곳에 이런 숲이 있을 줄 과연 누가 알까 싶을 만큼 말이다. 햇살 한 줌 비치지 않을 만큼 빽빽한 모습에 음침하기까지 했다. 인적이 너무 드물어 '내가 여길 왜 왔을까?' 싶은 생각이 내내 들었다. 빠짝 마른 내천과 돌무더기가 마음마저 메마르게 했다. 단풍나무와 때죽나무가 하나 된 연리목을 보고도 아름답다는 감정이 느껴지지 않을 정도였다.

삼나무숲을 벗어날 즈음 들리는 목소리가 얼마나 반가운지 걸음을 재촉해 목소리를 쫓았다. 양 갈래로 나눠진 길 앞에서 노부부 두 팀이 방향을 결정하고 있어 은근슬쩍 합류했다. 여자 혼자 이런 숲에 온 걸 용감하다고 여겼는지 일행인 것처럼 맞아주고 정상에서 이뤄진 작은 만찬에도 초대해줬다. 정상이라고는 하지만 전망 하나 없는 그곳에서 벤치를 식탁 삼아 식어도 맛있는 밥 몇 숟갈, 김치, 떡, 과일을 나눴다. 내 가방에 있던 사탕 몇 개와 초콜릿은 디저트로 삼았다.

용암의 흐름을 알 수 있는 마흐니궤

은퇴 후 제주에 정착해 20여 년 가까이 제주 숲을 다녀 '신령' 이란 별명을 가진 어르신이 멧돼지 출몰을 예측할 수 있는 법을 알려줬다. 설명을 듣고 그 흔적을 본다고 해서 단번에 알아챌 리는 없지만 땅이 움푹 파이거나 헤집어둔 곳은 대부분 멧돼지가 쿵쿵거리고 다닌 흔적이라 조심해야 한다고.

결국 마흐니궤는 보지 못했다. 울퉁불퉁 제멋대로 난 길 끝에 웅덩이가 있고, 그 웅덩이에서 아래로 100m 더 내려가야 했는데 도저히 갈 엄두가 나지 않았다. 에너지를 모조리 소진해 혼자 내려가느니 다음에 누군가와 다시 오는 것이 훨씬 낫겠다 싶었다.

다시 시멘트 길을 걸어 나와 친구가 기다리는 물영아리오름 주차장에 도착했다. 에어컨을 시원하게 틀어둔 차에 앉자마자 긴장감이 풀리면서 간담이 서늘해졌다. 험하고 거친 숲이란 그 이름 값을 톡톡히 하는 숲이었다. 마흐니오름 정상까지 5.2km, 왕복 10km 정도인 이 숲을 다녀왔다는 게 여전히 아찔하다.

info.

주소 제주특별자치도 서귀포시 남원읍 수망리 산203

연락처 064-764-0189(수망리사무소)

출입 제한 하절기 16:00 이후 / 동절기 15:00 이후

이용료 무료

편의 시설 주차장

주의 사항 반려동물 입장 불가

빽빽한 삼나무숲

이승이오름(이승악) 삼나무숲
두 개의 삼나무숲

#신례천생태탐방로 #한라산둘레길 #벚꽃로드 #길확인

흔하지만, 흔하지 않은 풍경

수려한 삼나무 숲길이 있는 곳, 이승이오름은 두 개의 삼나무숲을 가지고 있다. 이승이오름 내 삼나무숲과 한라산둘레길 내 삼나무숲. 전자는 왕복 한 시간가량의 코스이고 후자는 40분가량의 코스이다. '삼나무숲' 하나만 기억하고 가기에는 헷갈릴 수 있으니 정확한 목적지를 미리 체크해두고 출발해야 한다. 실제로 잘못 찾아서 낭패를 봤다는 이들이 많다.

이승이오름 진입로는 숨겨진 벚꽃 명소다. 제주 중산간에 있는 오름 중 벚꽃, 오름, 숲을 함께 즐길 수 있는 곳이지만 트레킹을 위해 방문하는 이들은 도민들이 대다수. 진입로에는 벚꽃뿐만 아니라 신례목장의 평화로운 모습, 풀을 뜯어 먹는 소들의 목가적인

삼나무 향기 따라 길을 걷는 순간의 힐링

풍경까지 어우러져 있다.

몇 개의 걷기 구간이 걸쳐지는 삼나무숲

신례천 생태탐방로에 있는 이승이오름은 한라산둘레길, 수악길에 포함되는 구간이다. 탐방로가 정비되고 이정표도 잘 갖추어 무난하게 걸을 수 있다. 다만 약간의 오르막 구간이 있어 이를 원치 않는다면 평지 위주의 코스로 계획하는 걸 추천한다.

신례천 생태탐방로 안내문을 기점으로 왼쪽과 오른쪽 두 갈래로 나뉜다. 어떤 방향에서 시작하든 오름 정상부로 가는 일부 구간은 계단을 이용해야 한다. 왼쪽으로 가면 오름 정상과 이승이오름 순환 2코스 길로 향하게 된다. 길 따라 걷다보면 다시 오름 정상 방향과 화산탄 방향으로 나뉘는데 이때 화산탄 방향으로 발길을 돌리면 곧이어 상상하지 못한 풍경이 눈에 들어온다. 나무인 것 같기도 하고 바위인 것 같기도 하다. 마치 캄보디아의 앙코르와트 유적지에서 볼 만한 모양새다. 뿌리를 길게 내린 나무뿌리와 성장한 나무가 한 덩어리로 자라고 있다. 거대 화산암괴에 속하는 것으로 화산암 덩어리를 뿌리로 감싸 안은 나무들의 식생이 신기하여 입을 다물 수 없다. 그 길 끝에 만난 삼나무숲이 오히려 무난하게 느껴질 정도다.

삼나무숲에 도착하자 멈췄다 내렸다 하던 빗줄기가 시원하게 쏟아지기 시작한다. 발걸음을 멈추고 하염없이 떨어지는 비를 바라본다. 빗물에 흙냄새, 풀냄새가 온몸을 휘감는데 그 향이 향수로 치면 베이스노트 같다. 묵직하게 깔려 오래 가는 냄새 말이다. 좁고 구불구불한 삼나무숲이 끝나면 오른쪽 출구(주차장) 방향으로 나와도 되고, 왼쪽으로 발걸음을 틀면 곧이어 한라산둘레길 삼나무숲을 만날 수 있다.

곧장 한라산둘레길 삼나무숲을 찾고자 한다면, 신례천 생태탐방로 안내문을 기점으로 오른쪽 방향으로 향하면 된다. 길이 단순하여 헤맬 일은 없다. 오른쪽으로만 기억하면 쉽다. 갈림길이 눈앞에 나타나더라도 '오른쪽'으로만 걷자. 쭉 뻗은 삼나무숲의 장대함은 사려니숲길과 비교해도 뒤지지 않을 정도다. 게다가 아직 많이 알려지지 않은 곳이라 진짜 비밀의 숲은 이곳이 아닐까 싶다.

info.
주소 제주특별자치도 서귀포시 남원읍 신례리 산2-1
연락처 064-740-6000(제주관광정보센터)
이용료 무료
편의 시설 임도 갓길 주차 가능, 화장실(숲 입구에서 2.4Km 지점에 있는
　　　　이승악탐방휴게소)
참고 사항 반려동물 동반 가능(목줄, 배변봉투 필수)

한남시험림
기간 한정 예약 필수 숲

#삼나무숲 #사려니오름 #멀동남오름 #제주시험림

'한' 자로 시작되는 지명

한남, 한림, 한경, 한동, 한원, 한수. '한'으로 시작하는 제주도 지명이 많은 편인 데도 '한남'은 왜 입에 착착 붙지 않는지 모를 일이다. 십여 년 전 이곳을 처음 방문하는 길에 남원 쓰레기 위생매입장 앞을 지났고, 그 때문에 한남시험림을 떠올리면 '남원 쓰레기장 근처 숲'이라고만 여겨졌다. 그만큼 한남시험림이 입에 붙지 않았던 것이다. 이곳은 '한남시험림' 혹은 '제주시험림'이라고 불린다. 제주의 삼나무숲 중 90여 년이라는 가장 오랜 역사를 자랑한다. 또한, 우리나라 최초로 국제산림관리협의회(FSC)로부터 국제산림인증을 받은 최고의 숲이기도 하다.

기간 한정 숲

2021년 5월 16일 개장에 맞춰 탐방을 예약했다. 언제든 찾고 싶을 때 고민 없이 갈 수 있는 곳이면 좋으련만 예약 후 방문해야만 한다. 그것도 매해 11월부터 이듬해 5월 중순까지는 산불 조심 기간으로 입산이 금지되고, 그 이후부터 10월 말까지만 찾을 수 있다.

숲 탐방은 A(입구-산수국 갈림길 1.7km), B(산수국 갈림길-전시림 갈림길 2.3km), C(전시림 갈림길-입구 3.0km) 구간으로 나뉜다. 비가 오는 날이지만, 그럼에도 A-B-C코스를 거쳐 다시 입구로 돌아오기로 했다. 탐방길이 잘 정비되어 어느 코스를 선택하든 어렵지 않게 즐길 수 있는데 가끔 예외도 있다. A구간에 있는 높이 435m의 멀동남오름은 걷기를 좋아하지 않더라도 충분하게 즐길 수 있는 코스인 반면, C구간 내 사려니오름은 선택 시 약간의 고생이 뒤따를 수 있다. A와 C구간 내 오름을 오르지 않는다면 대부분 평탄한 흙길(일부 아스팔트), 나무 데크이므로 편하게 숲을 거닐 수 있다.

천연림과 인공림의 조화, 777개 계단과 삼나무 칠 형제는 덤

제주 숲이 처음인 후배 둘은 뭍에서는 느낄 수 없는 색다른 느낌을 받은 것이 분명했다. 울창한 삼나무숲을 따라 걸으며 점점 말수가 줄었다. 성인 여자 두 팔로도 한 번에 껴안을 수 없는, 어디

비와 함께한 사려니오름

휴대전화는 잠시 꺼두어도 좋을 삼나무 전시림

제주는 숲과 바다_Part 1. 나의 숲

가 끝인지 헤아릴 수 없을 만큼 높은, 30~80년을 살고 있는 굵고 키 큰 삼나무와 희귀식물. 그리고 천연림과 인공림이 조화를 이뤄 뿜어내는 기운에 압도당한 듯했다.

후배들은 C코스의 사려니오름을 오르며 헉헉 가쁜 숨만 몰아쉬었다. 나라고 예외는 아니다. 사려니오름 전망대에 도착하니 비구름이 앞을 가려 한 치 앞도 내다볼 수 없다. 서귀포 앞바다도 한라산도 구름이 밀어낸 듯 자취를 감췄다. 쉴 틈 없이 777개의 계단을 내려오는 길, 삼나무 칠 형제가 잠깐 반겨주었으나 잃어버린 체력에 신기함도 잠시다.

날이 좋으면 좋은 대로, 비가 내리면 내리는 대로 걷기 좋은 한남시험림. 예약이 필수이지만, 최근 몇 년 동안 해마다 방문하는 곳이다.

info.

주소 제주특별자치도 서귀포시 남원읍 서성로651번길 235

연락처 064-730-7272

이용 시간 09:00~17:00 (매년 5월~10월만 개방, 월화 휴무)

이용료 무료

편의 시설 주차장, 화장실

참고 사항 반려동물 입장 불가, 등산용 스틱 사용 불가, 대중교통 이용 불가, 예약 필수

예약 www.foresttrip.go.kr

고살리숲
마르지 않는 물의 신비함

#속괴 #하례리 #영험한기운 #때묻지않은풍경

혼자보다 같이

편도 2.1km로 짧으면 짧다고 할 수 있는 숲길인데 갈 엄두를 내지 못하고 또 미뤘다. 인적이 드문 곳이라 도저히 용기가 나지 않았던 것이다. 고살리 숲길 트레킹 프로그램이 있긴 했으나 코로나로 언제 재개될지 미지수였다. 그러던 중 서울에서 친구가 며칠 시간을 내 제주에 오겠다며 연락을 해왔다. 육아로 바쁜 가운데 겨우 짬을 내는 것이었다. 몇 시간이고 숲만 걷자고 하는 건 너무 미안해서 짧은 코스를 같이 가면 좋을 것 같았다. 내 상황을 고백하고 함께 가자고 제안하며 재차 '짧은' 코스임을 강조했다.

건천의 의아함, 물을 품고 있는 속괴

고살리숲에는 별도의 주차장이 없다. 대신 맞은편에 있는 사찰 선덕사 주차장을 이용하면 된다. 단, 주차 후 왕복 4차선 도로를 건너야 하고 횡단보도가 없으니 주의하자. 숲 입구에 한두 대 정도 주차할 공간이 있지만 정식 주차장은 아니다. 입구에 있는 큰 암석 두 개가 더 이상 자동차가 들어오지 못하도록 지키는 모양새이다.

숲길을 완주하겠다는 생각보다 이 숲에서 가장 궁금한 속괴를 보고자 하는 마음이 컸다. 건천임에도 일 년 내내 물이 고여 있다는 신비의 속괴로 향하는 길. 잣성이 늘어섰다. 잣성을 보았을 리 없는 친구에게 마치 해설사처럼 설명을 해댔다. 과거 하례리 공동목장의 경계를 구분하는 잣성의 일부이지만, 목장이었다는 게 믿을 수 없는 풍경이다. 정리되지 않은 돌과 나무뿌리를 헤치고 들어오니 입구에서 700m 되는 위치에 '속괴'라는 안내판이 서 있다.

속괴다! 비가 내리지 않아도 이렇게 풍성한 물을 품고 있다니 정말 미스터리다. 제주는 비가 오면 빗물이 지하로 스며들기 때문에 연못이나 습지가 귀하다. 바위 사이를 엉거주춤 내려가 사진을 가장 잘 담을 수 있는 장소를 찾는데 큰 바위에 서 있는 적송 한 그루가 눈에 들어왔다. 땅도 아니고 바위 위에서 홀로 자라는 것이 대단해 보인다. 인근에 있는 원앙폭포처럼 투명하고 신비한 빛깔의 계곡은 아니지만 그와 다른 기묘한 매력이 있다.

공간을 압도하는 굿 소리

시선을 돌려 다시 나무 바위 왼쪽으로 얼핏 보면 티도 나지 않을 자리, 성인 한 사람이 허리도 제대로 펴기 힘든 공간에 불상 몇 개와 제사상이 있다. 이곳은 여전히 토속신앙이 행해지는 장소라는데 '무속인이 차려뒀겠지?'라고 생각하는 순간, 가까운 곳에서 굿 소리가 들려온다. 역시 영험한 장소인 걸까.

친구 덕분에 고살리숲에 다녀왔더니 큰 숙제를 하나 끝낸 기분이다. 짧은 구간이지만 잣성, 편백나무숲, 곶자왈을 모두 느껴볼 수 있는 고살리숲은 숲길이 갖는 이미지를 새로 쓰게 했다. 하례에 있는 숲길이지만 '고살리'라는 명칭이 붙은 것은 근처에 '고살리샘'이 있기 때문이라고.

info.
주소 제주특별자치도 서귀포시 남원읍 하례리 산53-4
연락처 064-733-8009
이용료 무료
홈페이지 www.ecori.kr(유·무료 프로그램 해설 탐방 예약 가능)

아는 사람만 알고 오는 고살리숲길 속괴

서귀포 치유의숲
나를 다시 일으키는 시간

#다양한체험 #걷기좋은길 #쉬기좋은숲 #예약필수 #남녀노소

삶의 터전 위로 내려앉은 자연

조선 시대 때 이곳은 말을 키우던 국영목장이었다. 임진왜란 후 화전민들이 터를 일구고 삶을 꾸리며 100년 이상을 살았다고. 그러나 일제강점기 때 일본인들은 화전민들의 터전을 빼앗고 사람의 흔적을 지운 후 목재용 편백나무와 삼나무를 심었다고 한다. 나무 곁에 공생하기 시작한 식물이 하나둘 늘면서 숲과 덤불이 만들어졌다. 방치되던 숲을 정리하고 그 숲에 활기를 다시 불어넣은 것 역시 사람이다. 화전민들이 일궜던 삶과 문화를 최대한 보존하며 그 위로 치유의 숲길을 냈다.

'가면서 오면서' 읽는 뜻의 가멍오멍 숲길

숨팡에 가만히 앉아 있는 것만으로도 치유

선택해서 즐기는 산림 치유

'치유'라는 단어가 나를 강하게 이끌었다. 무얼 그리 치유하고 싶었는지는 모르겠지만 그곳에 가면 뭐든 치유될 수 있을 것 같았다. 실제로 치유의숲은 인간이 가장 쾌적하다고 느끼는 해발 320~760m 구간에 조성되었다. 다양한 숲 치유 프로그램을 운영 중이기도 한데 인기가 좋아 예약이 쉽지 않을 정도다.

총 15km 초록 물결 사이로 12개의 테마길이 있다. 테마길은 입구부터 힐링센터까지 연결된 1.9km의 가멍오멍 숲길에서 나뭇가지처럼 여러 갈래로 뻗었다. 엄부랑(엄청난, 0.7km), 벤조롱(산뜻한, 0.9km), 가베또롱(가벼운, 1.2km), 산도록(시원한, 0.6km) 등의 숲길이 어서 오라며 손짓하는 듯하다. 가멍오멍 숲길 내 쉼팡(쉬어가는 길)과 포토존도 어찌나 잘 갖춰졌는지 놀라울 정도.

테마길은 각각 명확한 색을 지녔다. 엄부랑 숲길은 삼나무 군락지, 벤조롱 숲길은 계곡길, 가베또롱은 잣성을 따라 걷는 길, 산도록은 돌계단과 계곡을 즐길 수 있다. 체력과 컨디션에 따라 코스를 선택할 수 있는 치유의숲에서는 숲이 주는 기운을 온몸으로 느낄 수 있다. 코스 내 쉼터인 쉼팡도 꽤 많다. 편백나무와 삼나무 등이 품어내는 피톤치드, 음이온, 자연의 소리, 숲을 통과해 닿는 햇살 등을 받으며 쉬기에 좋다. 반쯤 누울 수 있는 편백나무 침대가 많아 그저 가만히 기대앉아 하늘을 바라보는 것만으로 치유의 시간이 될 것이다. 숲 초입에는 무장애나눔길이 있어 노약자 및

남겨진 나무 밑동에서 움트는 생명의 기운

장애인도 부담 없이 치유의 순간을 누릴 수 있다.

숲에서 펼쳐지는 프로그램

숲 이야기는 물론 명상 등의 프로그램도 운영 중이다. 산림치유지도사와 함께하는 프로그램, 숲길 힐링 프로그램, 차롱치유밥상 같은 프로그램은 심리적, 정신적 리듬을 다시 찾을 수 있게 돕는다. 프로그램에 참여하지 않고 숲을 나지막이 걷는 것만으로도 충분한 위로를 받을 것이다.

info.
주소 제주특별자치도 서귀포시 산록남로 2271
연락처 064-760-3067
이용 시간 하절기(4월~10월) 08:00~17:00 / 동절기(11월~3월) 09:00~16:00
이용료 유료
예약 eticket.seogwipo.go.kr
편의 시설 방문자센터, 힐링센터, 치유실, 주차장, 화장실

제주곶자왈도립공원 & 화순곶자왈 생태탐방숲
& 산양큰엉곶 & 환상숲곶자왈공원
오직 제주만의 숲 곶자왈

#걷기좋은숲 #평지코스 #최대난대림지대 #제주하면곶자왈 #숲해설탐방

    제주 여행에서 한 번은 들어봤을 '곶자왈'은 제주를 상징하는 단어와도 같다. 제주 방언인 '곶'과 '자왈'의 합성어인데 '곶'은 숲을 뜻하고 '자왈'은 나무와 덩굴 따위가 마구 엉클어져서 수풀같이 어수선한 곳, 즉 덤불을 뜻한다. 화산활동 중 만들어진 불규칙한 암괴지대로 다양한 동식물이 공존하며 독특한 생태계가 유지되고 있는 지역을 가리킨다. 돌무더기 땅에 덤불까지. 농사조차 지을 수 없고 완전히 쓸모없는 땅이던 곶자왈의 오늘날 가치는 남다르다. 제주의 생명과도 같은 이 땅은 버려지거나 일궈야 할 땅에서 보존해야 할 땅으로 탈바꿈했다. 제주 중산간 지역을 지켜온 덕분에 제주의 허파라고 불리는 곶자왈을 소개한다.

제주곶자왈도립공원

제주곶자왈도립공원은 세계에서 유일하게 열대 북방계 식물과 난방한계 식물이 공존하는 곳이다. 제주 대부분 숲에서 운동화, 등산화 착용을 권장하지만 제재하는 경우는 드물다. 이곳은 입구에서부터 철저하게 방문객의 신발을 감독한다. 샌들, 구두, 슬리퍼는 입장 자체가 안 된다. 샌들 신은 여성 두 명이 가족과 함께 입장하지 못하고 몇 시간이나 기다리는 모습을 보기도 했다.

다섯 개의 탐방로는 유기적으로 잘 연결되어 있다. 오찬이길, 빌레길, 한수기길, 테우리길, 가시낭길로 나뉘어 있는데 코스별로 30~40분이면 충분하지만, 전체 코스를 돌아본다면 세 시간가량 소요된다. 탐방로 중 가장 짧은 한수기길(0.9km)은 지역 주민들이 농사를 짓기 위해 만들었던 길이다. 오찬이길(1.5km)은 마을 공동 목장 관리를 위해 만든 길로 길 끝에 쉼터가 있다. 테우리길(1.5km)은 지역 주민들이 목장을 이용하기 위해 만든 길로 곶자왈 산책과 제주 숲을 즐기기에 제격인 코스다. 빌레길(0.9km)은 한수기오름 입구에서 우마급수장으로 이어진다. 가시낭길(2.2km)은 손대지 않은 자연을 즐길 수 있는 지형인데 다섯 탐방로 중 가장 험난하다. 나무, 암석, 넝쿨이 서로 엉클어져 살아가는 곳을 걷다보면 약 20m 높이의 전망대를 만나게 된다. 테우리길, 빌레길, 오찬이길이 만나는 지점에 있는 전망대에 오르면 땅에서는 볼 수 없던 낯선 풍경이 반긴다. 우마급수장이다. 여러 숲에서

나무 그늘 대신 시원한 산방산 뷰를 선물하는 화순곶자왈 생태탐방숲 전망대

만난 숨골, 숯가마터, 집터가 익숙할 즈음 만난 우마급수장은 또 다른 얼굴이다. 소와 말이 목을 축이던 이곳은 빌레(평평하고 넓은 바위) 위에 만들어져 있어 한여름에도 마르지 않는다. 여기 한라산과 산방산을 비롯해 도립공원 일대가 한눈에 들어와 풍경을 보는 것만으로도 시원함이 느껴진다.

info.

주소 제주특별자치도 서귀포시 대정읍 에듀시티로 178

연락처 064-792-6047

이용 시간 09:00~18:00(3월~10월, 입장 16:00까지) /
　　　　　 09:00~17:00(11월~2월, 입장 15:00까지)

이용료 유료

홈페이지 jejugotjawal.or.kr(해설 탐방 예약 가능)

편의 시설 탐방안내소, 주차장, 화장실, 카페, 에어컨

주의 사항 운동화, 등산화 착용 필수(구두, 샌들, 등산용 샌들, 키높이 운동화 입장
　　　　　 불가), 반려동물 입장 불가

참고 사항 해설 탐방 및 체험 프로그램 운영(무료, 홈페이지 참조)

화순곶자왈 생태탐방숲

병악오름에서 시작해 약 9km에 걸쳐 분포하는 숲이다. 곶자왈을 지키기 위한 시민과 기업의 도움으로 해당 구간 내 곶자왈 4필지가 '자연환경국민신탁의보전재산'이 되었다. (사)곶자왈사람들과 제주 지역 내 7개 단체로 구성된 '곶자왈 포럼'이 자연환경국민신탁과 함께 곶자왈 보전 운동을 펼친 결과이다.

화순곶자왈 생태탐방숲은 동네 뒷동산처럼 산책하기 적당한 거리이다. 왕복 3km로 짧게는 30분, 길어도 한 시간이면 충분하다. 화순곶자왈의 최대 난코스는 초입에 있는 20개 남짓한 목재 계단이다. 이 계단만 무사히 통과한다면 나머지 코스는 걱정하지 않아도 된다. 자연곶자왈 길과 송이산책로가 있는데 송이산책로가 조금 더 걷기 좋다. 길이 평탄하고 코스가 짧아 아이와 함께 방문하는 것도 추천한다.

info.

주소 제주특별자치도 서귀포시 안덕면 화순서동로 151

연락처 064-794-9008

이용료 무료

편의 시설 주차(갓길)

산양큰엉곶(산양곶자왈)

저지리에서 미술관 투어를 하다가 숲을 좀 걷고 싶어 지도 앱을 열었다. 10분 거리에 산양곶자왈이 있다. 반딧불이로 유명한 곳이다. 반딧불이를 볼 수 없는 시간대였지만 괜히 마음 한구석이 들떴다. 산양곶자왈 탐방로는 3.4km로 길지 않다. 하지만 산양곶자왈 전체 면적은 제주도 곶자왈의 19퍼센트를 차지한다.

이곳은 원래 마을의 공동목장이었고 곶자왈은 오랫동안 방치되어 있었다. 고향으로 귀농한 젊은 청년과 마을 사람들이 함께 변화를 위해 힘을 합쳤고, 삼 년간 정비한 끝에 정식으로 개장한

제주곶자왈도립공원 전망대에서 내려다본 우마급수장

곶자왈의 온도와 습도를 일정하게 해주는 작은 구멍, 숨골

건 2022년 2월. 벤치와 포토존은 물론 산책길(달구지길)마저 잘 정비해둔 덕분일까 내디디는 걸음이 가볍다.

이직을 앞둔 친구와 함께 숲을 걷는 동안 "이곳 담당자 참 일 잘한다." 하는 말을 몇 번이나 했다. 자연 친화적인 상식들이 눈길을 끌었기 때문이다. 태풍 같은 자연재해로 손상된 나무를 이용해 조형물을 만들고, 친숙한 동화에서 차용한 것을 장식 디자인에 적용해 포토존으로 만들었다. 소달구지와 말달구지까지 만날 수 있는 것은 이곳의 백미다. 사라져버린 것을 다시 만날 수 있다니 왠지 모르게 아련해진다. 또한, 쉬어갈 수 있는 수많은 공간과 걷기 좋은 산책길은 유모차, 휠체어도 이용할 수 있을 만큼 편리하다.

산양곶자왈은 아늑한 숲속에 안기는 듯한 즐거움을 선사한다. 잘 꾸며둔 포토존을 즐길 수 있는 동선 또한 더할 나위 없이 좋다. 산책길만 이용하면 왕복 40분에서 한 시간 남짓, 산책길과 숲길을 함께 누벼도 한 시간 반이면 충분하다. 예약 후 반딧불 탐방(시즌 한정)도 가능하니 동화나라에 온 듯한 특별한 재미를 만끽해보길.

info.
주소 제주특별자치도 제주시 한경면 청수리 956-6
연락처 0507-1341-4229
이용료 유료
편의 시설 주차장, 화장실
참고 사항 반려동물 입장 불가

곳곳이 포토존인 산양큰엉곶

친숙한 동화 속 난쟁이를 연상케 하는 장식

산양큰엉곶에서 가장 인기 있는 숲속 기찻길

제주는 숲과 바다_Part 1. 나의 숲

환상숲곶자왈공원

　환상적인 곶자왈이라는 것만으로도 충분히 매력적인데, 공원이기도 하다니! 과연 어떤 곳일까 강한 궁금증에 이끌려 당장 검색해보았다. 뇌경색으로 쓰러진 남편과 그의 아내가 운영하는 곳이라는 사연이 눈에 밟힌다. 뇌경색을 앓던 주인장은 조금만 걸어도 돌과 나무뿌리에 걸려 넘어지기 십상이었다고. 혼자 걷는 길을 조금 더 편하게 만들고자 돌을 고르고 길을 냈다. 그 시간이 약이 되어 남편의 병세는 호전되었고 그 길 위로 탐방로가 만들어져 부부는 길을 모두에게 공개했다. 하지만 귀한 식물을 마음대로 캐가는 사람들이 있어 유료화하게 되었다고 한다.

　매표소 주변으로 활짝 핀 형형색색의 꽃과 조경 장식이 찾아오는 이들의 마음을 한껏 들뜨게 한다. 숲 입구부터 콩짜개 덩굴이 환상처럼 모습을 나타낸다. 사시사철 푸른 숲이라지만 여름 숲은 유난히 더 푸르다. 햇살이 한 줄기 조명처럼 숲 곳곳을 비춘다. 어느 한쪽에는 바람이 들고, 또 어디론가 물이 흐른다. 볕, 바람, 물 사이로 나무, 풀, 잎사귀가 얽히고설켜 더불어 산다.

　해설사 설명을 곁들인 채 조붓한 숲길을 타박타박 걸으며 나무가 물을 흡수하듯, 몸과 머리로 숲의 기운과 설명을 받아들이고자 애쓴다. 숲 안에 지질관찰소가 있는데 숨골로 내려가면 층층이 다른 제주 지질의 역사를 훑을 수 있다. 숨골 안은 여름의 기운을 잊게 할 만큼 서늘했다. 반면 겨울이라면 오히려 한층 아늑하고 따뜻했을 터이다. 숲 곳곳에 제주도 방언으로 적힌 팻말이 마음을 한 겹 더 채워준다. 숲에 숨어 있는 인생 명언을 만나는 즐거움이 쏠쏠하다.

한 시간 남짓 숲을 돌아본 후 입구에 있는 족욕 카페로 향했다. 양말을 벗고 준비해둔 한방 재료를 물에 넣어 잠시 쉬는 시간을 가진다. 따뜻한 물에 발을 담갔을 뿐인데 피로가 가시는 기분이다. 입장료에 족욕 체험까지 만 원가량으로 누린 호사가 이 숲을 운영하는 가족의 정성에는 견줄 수 없는 액수이지만 돈을 쓰고도 참 뿌듯한 순간이다.

info.

주소 제주특별자치도 제주시 한경면 녹차분재로 594-1

연락처 064-772-2488

이용료 유료

홈페이지 hwansangforest.modoo.at

편의 시설 카페, 주차장, 화장실

참고 사항 사전 예약 필수

환상숲곶자왈공원을 운영하는 가족들이 해설사가 되어 진행하는 프로그램

용심내지 맙서.

화내지 마세요.
세상의 기준이 정답이
아닐 때도 있습니다.

공원 곳곳에 놓인 글귀

상잣질
오름 사이 숲길 산책

#노꼬메둘레길 #족은노꼬메오름 #큰노꼬메오름 #천상의화원

제주도민 추천 길

여성 전용 게스트하우스 숙소의 호스트가 정성스레 차려주는 조식 메뉴는 날마다 새롭고 먹을 때마다 기쁨을 준다. 식사 후 안거리와 밖거리 사이 아담한 정원에 펼쳐진 파라솔 아래 앉아 호스트와 이야기를 나누던 중 새로운 숲에 대한 정보를 얻었다. 걷기 좋다는 그곳은 바로 상잣질.

상잣질은 족은노꼬메와 큰노꼬메 그리고 괫물오름과 연결되어 있어 출입구가 다양하다. 같은 길을 걷지만 출발점은 달리할 수 있는 것. 상잣질을 걷고자 한다면 족은노꼬메와 노꼬메오름 주차장을 이용하는 것이 좋다. 상잣질은 족은노꼬메와 큰노꼬메를 연결하는 길인 까닭이다(제주 방언으로 '족은'은 작은, '노꼬메'는 높은 뫼, '질'은 길이라는 뜻. 놉고메, 녹고메, 녹고뫼로도 불린다).

산수국 피어난 계절

해발 450~600m 일대는 상잣성으로 불리는데 그 상잣성을 따라 노꼬메 둘레길이 조성되었다. 족은노꼬메 주차장을 이용한 후 오른쪽 길로 들어가면 상잣질이 시작된다. 한가득 피어 있는 산수국 때문인지 마치 버진로드를 걷는 기분이다. 목장을 곁에 두고 꽃길 따라 걷는 길은 흙길이지만 매우 무난하다. 왼쪽은 원시림, 오른쪽은 드넓은 초지이다. 상잣질을 왕복해 걸어도 되고 중간에 나오는 갈림길에서 족은노꼬메 또는 큰노꼬메를 선택해 오름으로 향해도 된다.

족은노꼬메 정상은 해발 774m. 약간의 경사가 있지만 평소 걷기를 즐긴다면 무난히 오를 코스이다. 다만, 오름 정상에 특별한 풍경은 없으니 기대랑 말자. 834m의 큰노꼬메에 오르면 주변 오름이 시원하게 펼쳐지는 정상을 만날 수 있다. 가을이면 억새가 아름답게 일렁인다.

정상 다음 코스는 고사리밭이다. 드넓은 들판에 자라나 있는 어린 고사리는 이미 철이 지났지만 그럼에도 드문드문 돌돌 말려서 새순이 올라온 것이 있다(제주 고사리 철은 4~5월이다).

숲길 차이에서 춤추듯 피어오른 산수국

지천으로 산딸기 유혹

고사리밭을 빠져나오자 아스팔트길이 이어진다. 걷는 즐거움이 있는 흙길은 아니지만 산악자전거를 즐기는 이들이 종종 보이고 양쪽으로 길게 늘어선 삼나무와 지천으로 널린 산딸기가 시선을 잡아끈다. 산딸기에 눈보다 손이 먼저 앞선다. 한두 개 따먹은 뒤 아미를 위해 탐스럽게 익은 산딸기 몇 개를 조심스레 쥔 채 주차장으로 향한다. 산딸기 몇 알에 기분이 더 좋아진다. '평생 걷는 걸음이 이런 길이면 좋겠다' 싶을 정도. 청량감 가득한 길을 걸으면 걸을수록 현실감은 더 옅어지는 듯하다. 설문대할망이 만든 천상의 화원이 있다면 상잣질이 아닐까?

info.
주소 제주특별자치도 제주시 애월읍 소길리 산255-4(노꼬메오름 주차장)

이용 시간 상시 개방

이용료 무료

편의 시설 주차장, 화장실

참고 사항 반려동물 입장 가능

납읍난대림(금산공원) &
제주꿈바당어린이도서관 숲길
공원? 숲? 아무튼 걷기 좋아!

#난대림 #공원같은숲 #금산공원 #제주공관

납읍난대림

초등학교 앞 적당한 곳에 주차한다. 운동장 담벼락 너머 아이들은 뭐가 그리 좋은지 깔깔거린다. 그 모습이 천진난만하다. 구김살이라곤 찾아볼 수 없는 모습을 한참 동안 넋을 잃고 바라보았다. 아이들을 뒤로하고 납읍난대림으로 향한다. 아이들의 웃음소리가 가득하던 학교에서 엎어지면 코 닿을 거리이다.

이 마을에 자주 화재가 발생해 나무를 심어 액막이한 것이 공원의 시초라 전해진다. 숲으로 보자니 면적이 작고 공원이라기하기에는 상록수림이 울창하게 우거졌다. 금산공원이라고도 부르는 이곳은 제주 서부 지역 평지에 남아 있는 유일한 상록수림이다. 학술 가치가 높고 200여 종의 난대림* 식물이 서식하여 천혜

울창한 숲에 둘러싸인 포제청

신을 모시는 세 개의 돌 제단

걸을수록 심신이 깨끗해지는 듯한 숲길

의 난대림 식물 보고지다. 자연림의 원형을 잘 보존하고 있는 덕분에 천연기념물 제375호로 지정되었다.

계단을 오르면 숲길이 양쪽으로 나뉜다. 후박나무가 가운데 떡하니 서 있는 송석대(松石臺)에서는 관리인으로 보이는 이가 바닥에 떨어진 잎사귀를 이리저리 쓸어내는 중이다. 방해하고 싶지 않아서 반대 방향인 인상정(仁庠亭) 쪽으로 산책에 나선다. 잎사귀가 만들어낸 길은 마치 융단같이 부드럽고 푹신푹신해 걷기 좋다. 얼마 걷지 않은 것 같은데, 해맑던 아이들의 웃음소리 대신 귓가에 울리는 건 새소리가 전부다.

숲 안에 느닷없이 제주도 무형문화재 제6호인 포제청이 나타났다. 남성들이 이끄는 유교식 마을제가 열리는 장소다. 포신(인물과 재해를 다스리는 신), 토신(마을 수호신), 서신(홍역과 마마신)을 모시는 세 개의 돌 제단이 있다. 마을 사람들이 마을의 평안을 위해 음력 정월에 정성을 모아 제사를 지낸다. 여성이 주관하는 무속식 마을제인 당굿이 병존하기도 한다. 포제청 앞에 올곧게 뻗은 소나무 두 그루와 처마선, 그리고 이 공간을 포근하게 감싸주는 팽나무와 후박나무가 만드는 정취를 가만히 보고 있으니 차분하고 경건해진다.

마을 입구 큰 바위에 '선비마을'이라고 새겨져 있는데 전통적인 유림촌의 역사가 오래 이어져오는 듯하다. 송석대에서 마을 선인들이 글을 짓고 시를 읊으며 풍류를 즐겼다는데 선조들이 그랬던 것처럼 초등학교 학생들의 시화가 장식되었다. 코로나 시대를 살아가는 아이들의 작은 소망이 글과 그림이 되어 공원을 찾는 이들에게 또 다른 즐거움을 안긴다. 20~30분 남짓이면 가볍게 돌아볼 수 있는 작은 숲 혹은 공원이지만 잔향만큼은 짙다.

info.

주소 제주특별자치도 제주시 애월읍 납읍리 1457-1

이용료 무료

편의 시설 화장실, 공원 주변 주차 가능

제주꿈바당어린이도서관 숲길

제주 연동에 있는 제주꿈바당어린이도서관은 2017년 개관했으나 공간의 역사는 1984년으로 거슬러 올라간다. 이곳은 대통령 지방 숙소로 사용된 곳인데, 1996년 경호유관시설에서 해제되면서 게스트하우스와 도지사 관사로 운영되었고 약간의 리모델링을 거쳐 오늘날의 모습을 갖추었다. 일반적인 도서관과 달리 책만 있는 곳이 아니라 푸른 정원을 서재처럼 사용할 수 있고 잘 꾸며둔 놀이터도 있다. 도서관을 둘러싼 숲길은 아담하여 둘러보는 데 10분이 채 걸리지 않지만 그 품만은 꽤 넓게 느껴진다.

공관으로 사용되던 도서관 내부도 눈길을 끈다. 연회장으로 사용된 공간은 '꿈자람책방', 접견실은 '세미나실', 부관실은 '모둠활동실', 식당과 주방이던 공간은 '그림책방', 거실과 침실이던 곳

도서관 2층에 마련된 '대통령행정박물전시실'

푸른 청와를 막 저녁 풍운 도서관의 야외 공원

짧지만 고즈넉한 소나무 숲길

은 '대통령행정박물전시실'로 기능한다. 도서관 정원은 시간 가는 줄 모르고 머물 수 있을 듯하다. 높게 쌓인 검은 돌담이 세상의 어떤 소음도 다 막아줄 것 같다. 책 속에 파묻혀 있다가 넓은 잔디밭과 울창한 숲 사이에서 맘껏 뛰어놀 수 있는 최고의 환경이다.

제주 한 달 살기가 유행처럼 번지면서 아이들과 함께 제주에 머무는 부모들이 많은데 책과 숲이 조화를 이루는 이곳은 가족 모두에게 참 유익한 공간이다. 이토록 근사한 숲길을 가진 도서관이라니! 이곳을 실컷 누리는 아이들은 좋겠다. 제주에 산다면 매일 오고 싶다.

info.
주소 제주특별자치도 제주시 연오로 140
연락처 064-745-7101
이용 시간 09:00~18:00 (매주 화요일, 설날, 추석, 12월 31일, 1월 1일 휴관)
이용료 무료
홈페이지 jjdreamlib.or.kr

* 난대림: 열대와 온대의 경계에 있는 삼림. 제주 내 대표적인 곳은 천지연, 천제연, 납읍 난대림이다.

forest
17

한라수목원
도심 속 자연, 도민의 쉼터

#도심숲 #수목원 #수목원길야시장 #광이오름

제주 자연의 총집합

수많은 제주 숲 중 첫 취재 장소로 선택한 곳이 한라수목원이었다. 이곳에서라면 제주 숲에서 만날 자연을 모두 접할 수 있을 거란 생각에서였다. 한라수목원은 1993년 국내 지방 수목원 중 최초로 개원했고, 2000년에는 환경부 지정 서식지 외 보전기관 중 식물 분야에서 첫 번째로 지정된 곳이기도 하다.

죽림원 산책로 입구에 발을 들여놓자 걸음이 절로 느려진다. 대나무가 쭉쭉 뻗은 모습을 보니 '여기가 제주도 맞나?' 하는 생각이 든다. 소담스럽게 핀 동백꽃, 곱게 핀 수선화, 사람 마음마저 따뜻하게 하는 노란 털머위꽃, 소박하게 물 위를 수놓은 연꽃, 탐스러운 벚나무, 종처럼 생긴 하얀 꽃이 땅을 향해 핀 때죽나무 등 사

연못 위에 어리연꽃 등이 피어난 수생식물원

제주 도민의 쉼터인 한라수목원

봄이면 벚꽃 향연이 펼쳐지는 한라수목원

제주는 숲과 바다_Part 1. 나의 숲

계절이 모두 담긴 듯한 자연 속을 걸으니 당연히 기분이 좋아진다. 교목원, 화목원, 만목원, 죽림원, 관목원 등을 지나 산책길을 따라 걷다 높이 266m 광이오름 정상까지 향했다. 한라수목원이 품은 광이오름 정상에서 제주 도심을 한눈에 담았다.

수목원도 수목원길 야시장도!

한라수목원 지척에서 '수목원길 야시장'이 열린다. 언젠가부터 SNS를 타고 필수 관광 스폿으로 주목받고 있다. 야시장만 둘러보고 떠나는 이들을 보면서 '수목원도 함께 보면 제주를 훨씬 더 많이 누릴 수 있을 텐데.' 하는 안타까운 마음이 든다. 수목원길 야시장을 찾는다면 한라수목원도 놓치지 말고 돌아보자. 제주 도심 속에 있는 작지만 큰 숲 한라수목원은 제주공항과 가까우니 제주 여행의 처음 혹은 마지막 코스로 선택해보면 어떨까.

info.
주소 제주특별자치도 제주시 수목원길 72
연락처 064-710-7575
이용료 무료
홈페이지 sumokwon.jeju.go.kr
편의 시설 주차장(유료), 화장실, 마트, 카페
참고 사항 반려동물 입장 불가

제주는 숲과 바다_Part 1. 나의 숲

삼성혈 & 신산공원 & 열안지숲
접근성 좋은 숲길에서 짧은 산책

#공항접근성 #짧은숲길 #원도심 #도심공원

삼성혈은 벚꽃만 아름다운 곳이 아니다

삼성혈은 봄이 되면 분주해진다. 벚꽃 명당으로 입소문이 나면서 운영 시간 전부터 사진을 찍기 위한 줄이 늘어선다. 봄을 누릴 수 있는 시간이 너무 짧은 것처럼 조용한 삼성혈이 인파로 붐비는 시간 또한 벚꽃이 개화하는 일주일 남짓으로 길지 않다. 하지만 봄 시즌에만 돌아보기에, 또 벚꽃만 보고 돌아서기에 아쉬운 곳이다.

이곳은 벚꽃 명당이기 이전 탐라왕국이 시작된 역사적인 곳이다. 약 4,300년 전에 개벽 시조인 고, 양, 부 씨 성을 가진 세 명이 동시에 태어난 후 삼공주를 맞이하여 탐라왕국을 세웠다는 전설을 갖고 있다. 지혈을 보기 위해 삼성혈 안으로 들어갈 수는

소나무, 팽나무, 녹나무 등이 우거진 심성헐 내 숲길

만개한 벚꽃 향기에 취하게 되는 봄날의 삼성혈

없지만 위에서 내려다볼 수 있도록 전망대가 설치되었다. 삼성혈의 역사를 살필 수 있는 전시관, 매년 선조들에게 제사를 지내는 삼성전도 있다. '유생들이 학업에 전념하는 집'이라는 뜻의 숭보당 앞은 벚꽃을 배경으로 사진을 찍는 사람들이 붐벼 번잡스럽다.

고즈넉한 한옥 단청 위로 흐드러지게 피어나는 서정과 낭만 덕분에 많은 사람이 몇 십 분에서 몇 시간이고 줄을 서나 보다. 경내 구실잣밤나무, 팽나무, 녹나무, 곰솔 등의 수목이 봄날의 호사에도 대수롭지 않은 듯 푸름을 자랑한다. 어디선가 바람이 살랑 불어오자 벚꽃이 비가 되어 흩날린다. 꽃비를 부른 바람이 삼성전에 달린 풍경(風磬)에 가 닿았는지 상춘객은 은은하게 울리는 풍경 소리에 시선을 빼앗긴다. 역사, 문화, 자연이 어우러져 구석구석 아름다움을 새긴 원도심의 풍경이다.

info.
주소 제주특별자치도 제주시 삼성로 22
연락처 064-722-3315
이용 시간 09:00~18:00 / 10:00~18:00 (1월 1일, 추석, 설날)
이용료 유료
홈페이지 samsunghyeol.or.kr
편의 시설 주차장, 화장실

화신(花信)이 내려앉은 신산공원

동네 마실에 나가듯 가벼운 마음으로 돌아보기 좋은 제주 신산공원은 봄이 되면 덩달아 바쁘다. 운동하러 나온 도민과 소풍 나온 아이들 사이로 여행객과 웨딩 촬영하는 예비부부의 모습이 더해져 북적인다. 유채꽃, 벚꽃을 비롯한 봄꽃 사이로 하늘 향해 뻗어 있는 야자수가 이색적인 모습을 드러낸다.

산책 코스 정비가 잘 되어 있어 걷기에도 제격이다. 곳곳에 벤치, 평상이 꽃 행렬만큼 늘어진다. 여기에 만족하지 못하는 듯 주변 직장인들은 적당한 자리에 매트를 펴고 봄날을 맘껏 누린다. 봄의 화사함은 자연에만 있는 게 아니었다. 이곳에서 만난 인파들의 얼굴 속에도 있다. 삼성혈과 신산공원은 서로 지척에 있으니 함께 둘러보자.

info.
주소 제주특별자치도 제주시 일도이동 830
이용료 무료
편의 시설 주차장(제주도문예회관, 제주영상문화산업진흥원,
　　　　　　 제주도민속자연사박물관 주차장 이용)
참고 사항 반려동물 동반 가능(목줄, 배변 봉투 필수)

불꽃처럼 화사한 대화를 꽃피우는 사람들

봄, 여름, 가을 숲에 스며드는 열안지숲

제주공항 인근에서 조용한 숲 한 곳만 찾는다면 열안지숲이 정답이다. '열안지'는 숲을 이루는 모습이 기러기가 무리지어 V자 편대로 비행하는 모습이라 하여 붙여진 이름이다. 탐라교육원 둘레를 한 바퀴 돌아보게 되는 코스이며 크게 편백숲길, 소나무숲길, 조릿대숲길로 이뤄져 있다. 전체 길이 1.4km로 성인 여성 보폭으로 30분이면 충분히 돌아볼 수 있다. 다만 숲길이 좁고 일부 길이 고르지 않다는 점은 알아두자.

숲길은 동측(인성예절관과 연수관 사이)과 서측(청마관 옆)에 입구를 가지고 있다. 서측 입구 벚나무 길은 열안지숲이 숨겨둔 비밀 같은 장소이니 봄날 제주 숲을 조용히 걷고 싶다면 이곳을 선택하자. 여름이면 푸르름, 가을이면 단풍에 반한다는 열안지숲, 짧은 코스이지만 제주 숲의 매력에 스며들기 충분한 곳이다.

info.

주소 제주특별자치도 제주시 오라이동 1-1(탐라교육원)

이용료 무료

편의 시설 주차장

탄소 저장 효과가 크다는 조릿대길

큰 축복과도 같은 교육원 내 숲길

제주는 숲과 바다_Part 1. 나의 숲

아라동역사문화탐방로
제주 역사와 문화를 품은 숲

#소산오름 #편백나무숲 #칼다리폭포 #삼의악트레킹

다양한 코스 본인 체력에 맞게 선택

아라역사문화탐방로는 여러 코스가 있어 마음에 따라 코스와 출입구를 선택할 수 있다. 먼저 관음사*에서 시작하는 4km 거리의 1코스, 산천단에서 시작하는 1.6km의 2코스로 나뉜다. 여기, 삼의악 트레킹 코스도 더해진다. 1코스 일부 구간 중 1.6km 정도가 삼의악 트레킹 코스와 중복된다. 관음사(1코스)에서 시작해 산천단(2코스)으로 하산해도 되고, 삼의악 트레킹(1코스)에서 시작해 관음사 혹은 진지동굴(사유지) 쪽으로 나와도 된다. 또한 산천단(2코스)에서 시작해 삼의악 트레킹, 관음사(1코스)로 나와도 좋다.

제주 자연이 만든 비경 품은 1코스

출발할 때부터 비가 내렸다 멈추기를 반복했다. 관음사 주차장에서 탐방로 입구로 향하는 길 노루 한 마리가 빗속으로 가볍게 뛰어가다 멈추고 나를 바라본다. 마치 자신을 따라오라는 듯하더니 금세 수풀 더미로 사라져버린다. 관음사에서 시작하는 코스는 지형이 숲을 내려가는 형세라 내리막이 계속된다. 이를 '내창길'이라 부르는데 화산으로 폭발한 용암이 흘러내리다 굳어진 신령바위, 노루물, 칼다리폭포를 품고 있다. 울창한 자연림 속에 모습을 숨기고 있는 칼다리폭포는 쉽게 볼 수 없는 기암괴석을 자랑한다. 건천이긴 해도 비가 내리니 시원한 폭포수를 볼 수 있을까싶었지만 아쉽게도 가느다란 물줄기가 쫄쫄 흘러내리는 정도였다.

무난한 2코스

2코스 산천단 진입로는 무난하여 누구나 쉽게 걸을 수 있다. 정상이라 불리는 편백나무숲 사이사이에는 평상이 마련되어 잠시 쉬어 가기에 좋다. 여름이 되면 이곳으로 피서를 와 야영을 즐기는 이들도 많다는 게 한 아즈망의 말이다. 소산오름 전체가 편백나무, 해송, 삼나무, 대나무로 이뤄졌는데, 치유의숲이라고 불리는 이 편백나무숲이 소산오름의 마스코트이다. 오름이라고 부르기 민망한 높이 48m의 낮은 언덕만 걷기 아쉽다면 1코스 구간과

하늘 위에서 내려다본 풍경 속 사람은 그저 작은 점

하천과 울창한 자연림 사이에 있는 진지동굴

연계해 걸어도 된다. 1117번 지방도로(산록북로)만 안전하게 건너면 바로 입구와 연결된다. 진입로 일부가 사유지라 폐쇄 구간이었으나, 인도적 차원에서 사유지를 개방하여 지도 안내와 상관없이 이용할 수 있다.

2코스에 진입하고 얼마 걷지 않아 진지동굴과 밤나무숲길, 삼나무숲길이 이어지는데 이대로 걸으면 다시 칼다리폭포와 만날 수 있는 구조이다. 진지동굴은 태평양전쟁 막바지인 1945년 제주도에 들어온 일본군에 의해 구축된 군사 진지이다. 동굴 안에서 이 동굴을 만들기 위해 강제 동원되었을 제주도민을 생각하니 마음이 아려온다.

info.
주소 제주특별자치도 제주시 산록북로 660(아라숲길 1코스-관음사)
　　　제주시 아라일동 6-59(아라숲길 1코스-삼의악 트레킹 입구)
　　　제주시 아라일동 37-1(아라숲길 2코스-소산오름 편백나무숲 입구)
　　　제주시 아라일동 392-7(아라숲길 2코스-산천단 입구)
　　　제주시 아라일동 38-1(1코스와 2코스 연결 입구)
이용료 무료

* 관음사: 제주 4·3항쟁 발발 이전 일본군 전쟁 시설이 구축된 곳. 제주 4·3항쟁 이후에는 무장대(유격대)의 은신처였다. 주한미육군사령부 정보일지 G-2보고서에 따르면 제2대대가 주둔했던 중요한 장소다. 제주 4·3항쟁 당시 관음사 전투가 벌어져 관음사 경내 8곳 전각(殿閣)이 소실될 정도로 무장대(유격대)와 토벌대의 격렬한 전투가 벌어졌던 역사가 얽힌 곳이다.

제주는 숲과 바다_Part 1. 나의 숲

essay

제주 숲을 걷고
파도를 넘으며 삶을 깨닫다

제주에서의 우리 일과는 단순하다. 틈만 나면 지도를 펼쳐놓고 동선을 짠다. 동선에 맞춰 아미는 나를 숲 입구에 내려주고 바다로 간다. 숲을 걷기 시작하면 적어도 서너 시간은 소요되는데, 이 시간 동안 아미는 바다 취재를 마치고 나를 픽업하러 다시 숲 입구에 온다. 이렇게 MBTI 유형 E와 I는 각자의 호기심을 각각의 방법으로 풀어낸다. 우리가 참 다르긴 해도 제주를 향한 마음만은 매한가지다. 각자의 탐험을 마친 E와 I는 하루 일정에 대해 조잘조잘 이야기 나눈다. 출장지에 마음 맞는 말동무가 있으니 참 좋다.

코로나 시국에도 마음만 먹으면 떠날 수 있는 제주, 언제라도 반갑게 맞아주는 제주, 언제든 품어주는 제주는 그 존재만으로도 마음에 안정과 위안을 준다. 솔직히 하루가 다르게 변화하는 제주라지만, 우리가 온몸으로 만나는 제주 자연은 늘 한결같다. 황홀한 색감을 자랑하는 바다, 숲과 오름이 하나 되어 만드는 풍광, 하늘을 향해 쭉쭉 뻗은 나무들, 희귀한 야생화, 봐도 봐도 신비로운 노루, 이름 모를 새 등. SNS에 앞다투어 업로드되는 핫스폿이 아니더라도 제주 자연 곳곳은 그 자체만으로도 팰롱팰롱(제주 방언으로 반짝반짝하다는 뜻), 돌랑돌랑(제주 방언으로 두근두근하다는 뜻)하다.

2주간의 취재 일정을 마무리할 즈음 본래 취재할 계획이 없던 한라산 탐방을 예약해버렸다. 제주 숲을 살피다 보니 이 모든 숲의 기원은 한라산에서부터 비롯되었을 거란 생각에 호기심이 발동한 것이다. 등산 전날 밤 왼쪽 새끼발톱이 덜렁거린다는 걸 알아챘다. 2주 동안 하루 평균 12~13km씩 걸었더니 벌어진 일이다. 발톱 하나 빠진다고 당장 못 걷는 것도 아니고 큰일이 나는 건 아니지만 만약 혼자였다면 적잖게 당황했을 것이다. 그런데 옆에 든든한 친구가 있으니 의연하게 등반길에 올랐다. 굳건하게 버틴 나의 발톱은 집으로 돌아와 아미와 함께 수영장에 갔을 때 자연스럽게 떨어졌다.

여행이건 출장이건, 목적이 어떻든 간에 우리는 숲과 바다를 따로 또 같이 걸으며 제주 기운을 느끼고 제주 속살을 마주했다. 그걸로 되었다. 마음 맞는 친구이자 동료인 아미와 뚜벅뚜벅 걸으며 좋아하는 일을 함께하는 것만으로 충분하다. 이 책은 아미가 없었다면 애초에 시작되지 않았을 것이다. 좋은 파트너가 여행을 더욱 특별하게 하듯, 좋은 동료이자 친구인 아미는 내 삶을 건강하게 일구는 원동력이 되어주고 이 세상에 대한 나의 시선을 더욱 넓혀준다. 함께 제주를 누리는 동안 우리 세계는 조금씩 넓어진 것만 같다. 산이나 숲에 관심 없던 아미가 산에 오르는 걸 보면, 물에 관심 없던 내가 아미를 따라 수영장에 가는 걸 보면 말이다.

제주 여행을 마쳤을 때, 우리는 더 이상 제주를 '아름답고 특별한 천혜의 여행지' 같은 말로 표현할 수 없게 되었다. 거칠고 척박한 자연 속에서 생을 지켜내고 삶을 일군 수많은 제주 원주민들에게 깊은 감사와 진심 어린 존경의 마음을 전한다. 그들의 인내와 정성이 오늘날 제주를 만들어준 것임이 분명하다는 확신이 든다. 걸으면 걸을수록 이들이 얼마나 고단한 시간을 견디어냈는지 또 버텨왔는지 그 깊이를 가늠할 길이 없어서 그저 죄송할 따름이다.

한라산
제주 숲의 모태

#제주숲 #제주산 #국립공원 #최고봉 #백록담

녹음의 한라산

애초 취재 리스트에 한라산은 없었다. 한라산은 '숲'이 아니라 '산'이므로 목적과 맞지 않다고 생각한 것이다. 하지만 제주 동서남북에 걸친 숲을 걸으며 제주의 속살을 만나고 나자 그 모태가 되는 한라산에 점점 강하게 이끌렸다. 다행히 숲을 다니는 2주간 매일 평균 12~13km씩 걸었던 덕분에 등산이 겁나진 않았다. 숲 취재가 어느 정도 마무리되어 한라산에 다녀와도 이후 일정에 무리가 되지 않을 때쯤 등반을 예약했다.

7개 코스 중 백록담을 볼 수 있는 코스는 성판악과 관음사 2개 코스뿐이다. 나머지 코스는 예약 없이 언제든 갈 수 있으나 백록담은 볼 수 없다. 일일 성판악 1,000명, 관음사 500명 예약이

등산 초보자에게 좋은 성판악 코스

쉽게 볼 수 없는 한라산 백록담

가능한데 6월 중엔 여유가 있어 원하는 날에 쉽게 예약할 수 있었다. 나 홀로 하는 등반은 꽤 멋졌다. 중간중간 말동무해주는 분을 만났고, 멋진 풍경 속에서 혼자 온 이들끼리 서로의 모습을 사진 찍어주며 정답게 올랐다. 아침 6시 30분 750m 지점에서 시작된 산행은 1,950m에서 점심을 먹은 후 오후 5시 30분 다시 시작점으로 돌아와 끝났다. '한라산등반 인정서'가 손에 들렸을 때 백록담을 본 순간만큼 뿌듯했다.

설산의 매력

그날 저녁, 바다 취재를 마친 아미가 겨울의 한라산에 오르고 싶다고 말했다. 설산은 한번쯤 보고 싶다고 덧붙이면서 툭 하고 내뱉은 말을 나는 찰떡같이 주웠다.

"겨울에 또 오면 되지! 뭐가 문제야."

맞다. 문제가 될 건 없었다. '마음'만 있으면 되는 일이었다. 그 마음은 2022년 1월 어느 날 현실이 되었다. 겨울의 한라산 등반 예약은 쉽지 않았다. 일주일 전쯤 예약하면 되겠지 하고 들어간 예약 사이트는 며칠 동안 취소표 한 장 나오지 않았다. 예약해두고 방문하지 않을 경우 페널티를 받기 때문에 취소표 한두 장은 나올 것으로 기대했건만 완벽한 오산이었던 것이다. 백록담은 포기하고 설산을 보는 데 만족하자며 마음을 고쳐봤지만, 이번엔 겨울 입산 통제라는 벽에 부딪혔다. 눈이 많이 오거나 바람이 많

가장 짧으면서도 가장 아름다운 구간이라 손꼽히는 한라산 영실코스

끝없이 감탄을 자아내는 설산

이 불면 며칠이고 통제되어 기약이 없었다. 처음 예정한 날을 시작으로 사흘이나 통제가 이어졌고, 아쉬운 마음에 유일하게 통제되지 않은 1.5km의 석굴암 코스를 다녀왔다. 7개 코스 중 가장 단거리에 속한다. '이래서 다들 설산, 설산 하는구나.' 하며 감탄했지만 눈꽃 핀 어승생악이 설산 코스를 향한 열망에 더욱 불을 지폈다.

그냥 뭍으로 돌아갈 수 없어 계획을 다시 세웠다. 전날 밤 하필 대설주의보 경보가 있었지만 다행히 입산 통제는 되지 않았다. 도로 통제가 관건이었는데 새벽까지 통제된 도로는 출근 시간이 되자 상황이 나아져 택시를 호출할 수 있었다. 우리는 오전 10시 30분 영실매표소 입구에서 출발해 오후 5시 다시 그 자리로 돌아왔다. 전날 내린 눈은 영실매표소 입구에서 탐방로 입구까지 오르는 도로를 두툼하게 덮어 2.5km를 더 걸어야 했으나 그 정도 수고는 감수할 만했다.

기암절벽과 병풍바위를 보며 그 모습에 탄성을 내질렀고, 이후 펼쳐진 풍경 앞에서는 감탄 말고 할 수 있는 게 없었다. 윗세오름 대피소에서 설익은 컵라면을 먹었지만 눈앞에 펼쳐진 풍경 때문에 입으로 들어가는지 코로 들어가는지 모를 지경이었다. 눈꽃으로 뒤덮인 선작지왓과 윗세오름은 자꾸만 뒤돌아보게 만드는 마력을 가지고 있었다. 여름 등산 때처럼 백록담을 본 것도 아니고, 손에 등반 인증서가 들리지도 않았지만. 친구와 함께 설산에 새긴 발걸음은 오래토록 마음속 제주 폴더에 간직될 것이다.

'지금껏 가장 멋진 날이 있었다면 언제인가요?'라는 질문을 받게 된다면 주저하지 않고 답할 것 같다. 친구와 함께 설산을 누비며 자연 앞에 말을 잊었던 순간이라고. 아이처럼 행복해 하던 우리의 마음이 그날 그대로 그곳에 얼어붙어 영영 녹지 않을 것이라고.

윗세오름 나무 표지판

제주는 숲과 바다_Part 1. 나의 숲

Part 2.

나의 바다

바로 지금, 바다에
뛰어들고 싶은 순간

배를 타고 제주도에 가는 건 처음이었다. 새카만 밤바다 위 반짝이는 별 구경을 기대했으나 여수까지 여섯 시간을 운전해 막 도착한 터라 피곤한 나머지 금세 곯아떨어졌다. 열쇠를 반납하고 서둘러 하선하라는 방송에 눈을 떴을 땐 이미 아침 7시가 넘은 시각이었다.

이른 아침 제주항은 짙은 해무에 휩싸여 있었다. 골드스텔라호에서 차를 타고 빠져나와 그대로 일주대로를 달렸다. 전날까지 엄청난 비가 내렸다는 제주 날씨는 아직 완전히 개지 않은 듯했다. 날씨야 아무렴 어떤가. 내가 지금 제주에 있는데! 그동안 경험한 것과 달리 제주로 오는 여정 가운데 가장 오래 걸리고 비효율적이었으나 배를 타고 온 덕분에 제주도가 얼마나 먼 곳인지 처음으로 실감했다.

제주도에 도착하자마자 방문한 해변은 제주항에서 가장 가까운 삼양검은모래해수욕장. 이곳은 가족 단위로 놀러와 물놀이, 모래놀이 하기에 좋은 곳이다. 다른 해변에 비해 유난히 어두운 색의 모래사장을 자랑하는데 철분이 함유되어 있어서 그렇다고 한다. 그래서인지 모래찜질을 하러 오는 사람도 많다. 검은 모래이기 때문에 찜질 효과는 배로 늘어난다고. 6월임에도 날씨는 후덥지근했고 관광객은 은근히 많았다. 해변으로 설치된 나무 데크를 따라 텐트가 주욱 열 지어 있었다. 본격적인 바다의 계절이 시작되고 있는 것이었다.

두 번째 들른 해변은 제주도에서 가장 유명한 바다 중 한 곳인 함덕해수욕장. 오후가 되어 해가 높이 뜨자 그나마 있던 구름도 흩어져버렸다. 정수리로 떨어지는 뜨거운 열기를 느끼며 서우봉에 올랐다. 무거운 카메라를 들고 땀을 삐질 흘리며 촬영하는데, 실은 얼른 시원한 바닷속으로 뛰어들고 싶은 마음뿐이었다. 지친 나를 바라보던 성혜가 말했다.

"이만 숙소에 들어가서 쉬자."

이번 여행의 첫 숙소는 김녕성세기해수욕장 바로 옆의 게스트하우스였다. 김녕성세기해수욕장은 제주도에서 가장 맑고 푸른 수질을 자랑한다. 모래가 희고 고와 해수욕하기에도 좋다. 파도가 잔잔해 패들보드를 타거나 스노클링을 즐기기에도 그만이다. 일정을 마치고 숙소에 도착했을 때는 오후 5시가 넘어가고 있었지만 하지 즈음이라 해는 아직 중천에 떠 있었다. 짐을 내려놓은 뒤 우리는 바로 수영복을 챙겨 입고 해변으로 달려갔다.

아, 역시 바다는 바라보는 것만으로는 부족하다. 풍덩 뛰어들어 온몸을 맡겼을 때 느껴지는 해방감과 자유로움! 나에게는 이만한 천국이 없다. 카메라가 아닌 빨간 오리발을 착용한 나는 그 어느 때보다 가볍게 떠올랐다. 바닷속을 유영하기도 하고, 숨이 찰 땐 벌렁 드러누워 수면 위에 동동 떠서 하늘을 바라봤다. 여름이어서 좋고, 바다가 있어서 좋고, 제주도여서 좋은 순간. 행복을 만끽하며 여행 첫날을 마무리했다.

삼양검은모래해수욕장
반짝이는 검은 모래에 몸을 묻고

#삼양해수욕장 #가족여행 #모래찜질 #모래축제 #올레길18코스

제주에서 가장 어두운 모래 빛깔

제주항에서 가장 가까운 삼양해수욕장. 관광객들에게는 '삼양검은모래해수욕장'으로 잘 알려져 있다. 당연하게도, 제주도에 있는 20여 개 해변의 모래는 색깔도 모양도 조금씩 다 다르다. 거의 백색에 가까울 정도로 하얗고 고운 모래를 자랑하는 해변이 있는가 하면, 우리가 흔히 아는 적당한 베이지색의 모래도 있고, 조개껍질이 풍화되어 마치 팝콘 같은 입자로 되어 있는 해변도 있다. 그중에서 삼양해수욕장은 가장 어두운 색깔을 지닌 해변이다.

삼양해수욕장에서만 누리는 피서법

그렇다고 완전한 검정색이라고 하기엔 애매하다. 그보다는 짙

가족 단위 피서객이 많은 해변 풍경

은 회색빛에 가깝다. 색도 색이지만 입자가 곱고 반짝이는 질감이 무척 특이하다. 삼양해수욕장의 모래는 화산암편과 규산염광물이 많은 세립질이다. 한마디로 검고 곱다. 철분이 많이 함유되어 있고 어두운 색이라 태양열을 오래 간직하는 특성이 있어, 모래찜질을 하면 관절염이나 신경통이 완화되는 효과도 있다고. 이를 제주어로는 '모살뜸(모래뜸)'이라고 한다. 그래서 한여름만 되면 해변 곳곳에서 머리만 내놓고 모래찜질을 즐기는 이들로 진풍경이 펼쳐진다. 모래찜질로 한껏 달궈진 몸을 시원한 용천수(샛도리물)에 담가 식히는 것은 삼양해수욕장에서만 즐길 수 있는 피서법이다.

가족 여행객들에게 인기 최고

삼양해수욕장에 방문한 날은 6월 중순 무렵이었다. 본격적인 성수기 전이라 크게 붐비진 않았지만 유독 어린아이를 동반한 가족 여행객들이 많았다. 이곳보다 훨씬 유명세를 치르는 해수욕장에 비하면야 한산하지만, 이른 여름에도 알음알음 이곳에 찾아오는 사람들이 많은 이유가 있다. 첫 번째는 제주공항에서 가장 가까운 곳에 있어 짧은 일정의 여행객들에게 효율성이 좋다. 두 번째는 규모가 크지 않지만 시설이 잘 관리되어 있는 편이다. 해변 옆으로 설치된 나무 데크에는 돗자리를 펴놓거나 텐트를 쳐놓고 가족들과 함께 휴가를 즐기는 관광객을 흔하게 볼 수 있다. 제주 특유의 에메랄드빛 바다는 아니지만 물이 깨끗하고 소박한 매력이 있어 한 번 이곳을 찾은 여행자라면 분명 다시 찾고 싶어질 것이다.

info.

주소 제주특별자치도 제주시 선사로 8길(삼양일동)

연락처 064-728-1538 (삼양동 주민센터)

편의 시설 화장실, 발 씻는 곳, 음료대, 샤워장, 탈의실(개장 시에만 운영)

가까운 용천수 샛도리물

추천 바다 뷰 카페 에오마르(제주특별자치도 제주시 선사로8길 13-6)

tip.

주말에는 이곳에서 직거래 장터가 열린다. 지역 농산물을 저렴하게 구입할 수 있는 기회이므로 이용해보자(3월~11월, 매주 토요일 08:00~11:00). 여름에는 검은 모래를 테마로 한 축제가 열리므로 기간을 맞춰 방문해보자.

제주는 숲과 바다_Part 2. 나의 바다

함덕서우봉해수욕장
제주 바다의 모든 것

#함덕해수욕장 #에메랄드빛바다 #서우봉 #올레길19코스

제주에서 처음 만나는 에메랄드빛 바다

제주 시내를 벗어나 해안도로를 따라 서쪽으로 30분가량 달리면 새하얀 백사장과 에메랄드빛 바다가 눈부신 풍경을 만날 수 있다. 탁 트인 해변에서 물놀이하며 한껏 바다를 즐기는 관광객들, 패러세일링과 제트스키를 즐기는 레저객 등 화려한 휴가 분위기를 만끽할 수 있는 곳. 함덕서우봉해수욕장(이하 함덕해수욕장)에서는 이국적 정취를 한껏 누릴 수 있다.

함덕해수욕장은 고운 백사장과 얕은 바닷속 패사층이 만들어내는 푸른 바다가 어우러져 매우 아름다운 해수욕장이다. 제주도 20여 개 해수욕장 중에서도 맑고 푸른 물빛으로 손꼽힌다. 무엇보다 해변의 면적이 상당히 넓은 데 비해 수심이 얕아 아이들과

연중 방문객이 많은 함덕서우봉해수욕장

제트스키, 패러세일링 등 다양한 레저를 즐길 수 있는 바다

안전하게 물놀이를 즐길 수 있다는 점도 큰 장점이다.

보고 즐길 거리가 많은 해수욕장

함덕해수욕장의 중앙에는 현무암 바위군이 자리한다. 바다를 향해 기세 좋게 돌출된 바위 위 가장 전망 좋은 곳에 위치한 카페 '델문도'에서 커피를 한잔하며 여유를 즐겨도 좋겠다. 구름다리를 통해 제법 먼 바위섬까지 이어져 있어 바다 위를 산책하는 기분이 든다. 이곳을 기준으로 동쪽 해변과 서쪽 해변으로 나뉘는데 동쪽 해변에 산책로와 해변공원이 잘 조성되어 있다. 바다의 풍경과 어우러지는 갖가지 모양의 조형물을 구경하며 동쪽을 향해 천천히 걸어가다보면 활기 넘치는 야영장을 지나 서우봉둘레길 초입에 닿게 된다.

빼놓으면 아쉬운 서우봉 산책

서우봉 둘레길은 올레길 19코스 '조천-김녕 올레'의 일부이다. 함덕리 주민들이 낫과 호미만으로 2년에 걸쳐 조성했다고 한다. 앉아서 쉴 수 있는 벤치는 물론, 뜨거운 볕을 피할 수 있는 정자 등 방문객들을 배려한 아기자기한 시설물이 눈에 띈다. 함덕해변의 다른 이름이 '서우봉해변'이라는 점을 생각해보면, 이곳 역시 빼놓을 수 없는 관광 명소라는 것을 알 수 있다. 약간 경사가 있지만 아름다운 곡선을 그리며 눈부시게 펼쳐지는 함덕해수욕장의 파노라마를 내려다볼 수 있다. 봄이면 샛노란 유채꽃이 만발하고, 가을엔 코스모스로 장관이기에 언제 방문해도 여행의 묘미를 즐기기에 모자람이 없다. 연초에 사람들이 즐겨 찾는 일출 명소로도 유명하다.

info.

주소 제주특별자치도 제주시 조천읍 조함해안로 525

연락처 064-728-3989

편의 시설 공용 주차장, 화장실, 편의점, 음료대, 유도 및 안내 시설, 야영장

가까운 용천수 고도물(고두물)

추천 바다 뷰 카페 델문도(제주특별자치도 제주시 조천읍 조함해안로 519-10)

해변공원에 있는 선탠하는 하르방 조각상

제주는 숲과 바다_Part 2. 나의 바다

세화해변
바라만 봐도 좋은 바다

#세화해변 #해녀 #예쁜물빛 #포토존 #당근 # 올레길20코스

발길을 붙잡는 아름다운 해변

　성산에서 북쪽으로 해안도로를 따라 달리다보면 탁 트인 푸른 바다와 함께 아기자기하고 예쁜 카페와 음식점이 이어진 풍경에 눈길이 머문다. 정식 해수욕장은 아니지만 예쁜 물빛과 볼거리로 많은 관광객들이 찾고 있는 세화해변이다. 근처의 월정, 김녕해수욕장과 더불어 눈이 시리도록 푸르른 에메랄드빛 바다. 근처 해수욕장에 비해 비교적 한적한 분위기에, 파도가 잔잔하고 수심도 얕은 편이라 남녀노소 누구나 안전하게 물놀이를 즐길 수 있다.

　백사장은 희고 고운 편이지만 모래밭 면적보다는 현무암 지층이 대부분이다. 수심이 낮고 바위 사이에 해조류가 많으며 보말이나 게 등 관찰할 만한 것들도 충분하다. 넘어지는 것만 조심한

잔잔한 수면 위에서 패들보드를 즐기는 사람들

파도가 좋은 날에 서퍼들이 즐겨 찾는 해변

다면 아이들이 놀기에도 더없이 좋은 환경이다. 사실, 이곳은 물속에서 노는 사람들보다 예쁜 바다를 배경으로 인생 숏을 남기기 위해 촬영에 집중하는 관광객들이 훨씬 많은 편. 카메라를 켜지 않고선 배길 수 없는 풍경이긴 하다.

흥겨운 장터의 재미

예쁜 물빛 외에는 딱히 볼 것이 없다 여겨졌던 세화해변이 유명해진 이유는 하절기 매주 토요일마다 열리던 '벨롱장' 덕분이다. 세화방파제에서 열리는 벨롱장은 제주 플리마켓의 원조라 할 수 있을 정도인데 제주에서만 구입할 수 있는 특산품이나 핸드메이드 기념품, 먹거리를 구입할 수 있어 오래 사랑받았다. 코로나 시국 이후로는 잠정 중단되었으나 언젠가 다시 열린다고 하니, 푸르른 바다를 배경으로 열릴 아기자기한 축제를 기대해도 좋을 듯하다.

해변 근처에 위치한 세화민속오일장도 추천한다. 동부 지역에서 가장 큰 규모의 오일장으로, 현지인과 관광객 모두가 즐겨 찾는 명소이니 날짜를 맞춰 들러보자(매달 5일, 10일, 15일, 20일, 25일, 30일에 열린다).

해녀 문화의 중심지

세화해변에는 해녀들이 옷을 갈아입거나 휴식을 취하기 위해 만든 가두리 공간이 있다. 많은 해녀들이 활동하고 있는 바다라는 의미다. 세화해변에서 조금만 안쪽으로 들어오면 푸르른 잔디밭 위에 자리한 '제주해녀박물관'을 만날 수 있다. 제주도 해녀 문화의 역사와 자료 등을 전시해놓은 곳으로 제주도 여행에서 빼놓을 수 없는 관광 명소다.

왜 하필 세화에 해녀박물관이 지어졌을까. 바로 이곳이 해녀 항일 운동이자 국내 최대 규모의 여성 항일 운동인 1932년 1월 시위에 참여한 해녀들의 집결지였기 때문이다. 너른 잔디마당 한가운데 해녀항일투쟁기념비와 해녀 대표 동상이 설치되어 있다. 제주도의 해녀 문화와 그들의 정신을 잠시나마 들여다볼 수 있는 공간이다.

info.

주소 제주특별자치도 제주시 구좌읍 해녀박물관길 26

편의 시설 화장실, 무료 주차장, 샤워장, 탈의실(개장 시에만 운영)

추천 바다 뷰 카페 카페 라라라(제주특별자치도 제주시 해맞이해안로 1430)

평대해변
작고 사랑스러운 우리만의 바다

#구좌읍 #백사장 #당근 #연인과함께 #맛집

여행에 쉼표를 찍고 싶을 때

언제 가도 관광객들로 성황을 이루는 월정과 세화 사이에 끼어 있다 보니 상대적으로 한적한 분위기다. 조용하게 바다의 낭만을 즐기고 싶은 여행자라면 평대해변을 거점으로 삼고 근처를 돌아보는 여행을 추천한다. 작지만 하얗고 고운 백사장, 투명하고 푸른 바다, 화려하진 않아도 개성 강한 카페와 맛집들을 만날 수 있는 곳. 우리가 꿈꾸는 제주도 여행의 모든 것을 접할 수 있는 의외의 스폿이니까.

희고 고운 백사장과 푸른 바다

월정, 세화, 평대, 김녕……. 해맞이해안로를 따라 만나게 되는

고운 물빛을 자랑하는 평대해변

조용하고 한적한 분위기

모래 입자가 고와 더욱 즐거운 모래놀이

제주는 숲과 바다_Part 2. 나의 바다

해변은 제주도를 통틀어 가장 바다 빛깔이 고운 명소들이다. 이곳 모래는 조개껍질이 수만 년에 걸쳐 풍화되어 만들어진 패사(貝砂)라고 하는데, 거의 흰빛에 가까울 정도의 고운 입자를 자랑한다. 모래 색깔이 밝고 바닷물도 맑아서 날이 좋은 날엔 빛나는 푸른 바다 덕분에 눈이 부실 지경이다. 파도가 잔잔하고 수심이 얕은 편이라 가볍게 물놀이를 해도 좋고, 파라솔을 펼쳐놓고 바닷가에 앉아 물멍만 해도 충분하다.

조용히 쉬고 싶다면

당근으로 유명한 구좌읍에서는 갓 수확한 당근을 갈아 만든 당근주스를 쉽게 접할 수 있다. 바다가 보이는 카페에 당근주스 한 잔을 앞에 두고 앉으면 제주 여행의 하이라이트가 완성된다. 바다 구경이 조금 지루해졌다면 근처의 '뱅듸고운길'을 걸어보는 것도 추천한다. '뱅듸'란 평대리의 옛이름으로 넓은 대지, 평평한 대지를 뜻한다고 한다. 탁 트인 시골길을 걸으며 제주의 자연을 만끽하는 시간은 잊지 못할 추억이 될 것이다.

info.
주소 제주특별자치도 제주시 구좌읍 평대리 1994-20
연락처 064-728-7882
편의 시설 화장실. 무료주차장
가까운 용천수 대수굴

월정해수욕장
여행의 흥분을 제대로 느낄 수 있는 곳

#에메랄드빛 #관광지 #맛집 #포토존 #레저 #올레길20코스

누구에게나 인생 숏 선사하는 월정리 포토존

푸른 바다 앞에 놓인 알록달록한 의자. 그곳에 앉아 바다를 보거나 서로를 바라보는 여행자의 모습. 언젠가부터 제주도를 상징하는 풍경이 되어버린 월정해수욕장. 비교적 넓게 펼쳐진 하얀 백사장과 에메랄드빛 바다, 거기에 날씨까지 받쳐준다면 그것만으로도 인생 숏 완성이다. 해변가를 따라 마련된 데크와 도로에는 관광객들이 줄지어 서서 너도나도 기념 사진 남기기에 여념이 없다. 월정해수욕장 앞 해맞이해안로는 몰려드는 차들과 가족 단위 여행객들은 물론, 잔뜩 치장한 젊은 여행객들로 인산인해다. 그래서일까. 여행의 흥분을 제대로 느낄 수 있는 곳이 바로 월정리다.

언제나 많은 사람들로 북적이는 월정해수욕장

연중 푸른 물빛을 자랑하는 월정해수욕장

달이 머무는 마을, 월정리

월정리는 '달이 머문다'라는 뜻을 가지고 있다. 달도 머물고 싶을 정도로 아름다운 동네라는 뜻일까. 이름에 담긴 서정적인 분위기는 동네 곳곳에 스며들어 많은 관광객들의 발길을 붙잡는다. 골목마다 눈길을 사로잡는 예쁜 카페와 개성 강한 소품 가게들, 유명 맛집과 프랜차이즈 식당, 편의점 등 상권도 활발하게 형성되었다. 즉, 먹고 놀고 즐기기에 최고의 환경을 자랑하는 관광 명소라는 뜻이다. 모처럼의 여행에서 신나게 즐기고 싶은 사람들에게 월정리는 그야말로 천국이다.

젊은 여행객들에게 인기 만점인 레저 천국

젊은 여행객들이 많이 모여드는 곳이다 보니, 다양한 레저를 즐길 수 있는 환경도 조성되었다. 파도가 제법 들어오는 날에는 서핑을 배우려는 사람들로 북적이기도 한다. 서핑뿐만 아니라 카약, 바나나보트, 제트스키 등 선택의 폭이 넓은 덕분에 활동적인 여행을 즐기는 이들에게 적합한 해변이다. 최근에는 공용 화장실과 탈의실 시설도 재정비하여 인기 해수욕장의 면모를 갖췄다.

사람 많은 관광지답게 불편한 점도 존재한다. 다른 지역에 비해 체감 물가가 높은 편이고, 인기 맛집은 줄서서 먹는 게 일상이다. 사람이 많다 보니 불쾌한 일도 종종 일어난다. 서로 지킬 것을 지켜가며 여행하는 지혜가 필요하다.

info.

주소 제주특별자치도 제주시 구좌읍 월정리 33-3

연락처 064-783-5798

편의 시설 무료 주차장, 화장실, 음료대, 편의점, 샤워장, 탈의실(개장 시에만 운영)

월정해수욕장의 포토존

제주는 숲과 바다_Part 2. 나의 바다

이 바다의 파랑은
어디서 온 걸까

김녕성세기해수욕장을 처음 봤을 때 무라카미 류의 소설 제목이 떠올랐다. 한없이 투명에 가까운 블루. 아주 오래전에 읽은 터라 내용은 기억이 안 나지만 이 바다 빛깔을 나타내기에 그보다 적절한 표현은 없으리라. 우리나라에 이런 바다 색깔이 존재할 수 있다니. 동남아 휴양지를 부러워할 일이 아니었다. 어쩌면 나는 이 황홀한 빛깔에 홀려 매년 제주 바다를 찾게 된 건지도 몰랐다.

왜 푸른 바다라고 하는 거야. 아무리 봐도 회색인데. 뭐가 상쾌하다는 거야. 비릿하고 불쾌한 냄새만 나는데. 인천에서 나고 자란 터라 아는 바다라곤 월미도 앞바다, 을왕리나 제부도의 갯벌 정도가 전부였던 내게 바다란 딱 이런 이미지였다. 물속이 투명하게 비치는 에메랄드빛 바다는 보라카이나 피피섬 같이 너무 먼

곳에 있는 판타지인 것만 같았다. 그러니 우리나라 제주도에도 말로만 듣던 쪽빛 바다가 존재하고 있다는 걸 알았을 때, 얼마나 감개무량했겠는가.

물론 제주의 모든 바다가 투명한 푸른색을 자랑하진 않는다. 우리나라에서 가장 큰 섬답게 제주도 동서남북에 걸쳐 해수욕을 즐길 수 있는 바다가 20여 곳에 달한다. 그중에서 투명하고 푸른 수질을 자랑하는 곳은 주로 섬의 동북쪽에 자리하고 있다. 함덕, 월정, 김녕, 세화 해수욕장이 대표적이다(서쪽의 협재, 금능해수욕장은 초록색 혹은 에메랄드빛에 가깝다). 이들 바다라고 해서 사시사철 내내 눈부신 바다 빛깔을 볼 수 있는 건 아니다.

이번 여행에서 제주도 해변을 모두 돌아본 결과 알게 된 것은 하나의 섬에 있는 해변임에도 바다 색깔이 제각기 다르다는 것이었다. 문득 궁금해졌다. 대체 무엇이 바다의 색깔을 결정짓는가. 사실 바다 빛깔을 결정짓는 요소는 한두 가지가 아니다. 첫 번째는 모래 색깔이 밝은지 어두운지, 수심이 깊은지 얕은지에 따라 좌우된다. 녹조류나 해조류는 물론이고 먼지나 오염물질 같은 물속 부유물과 지리 환경적 요소에 따라서도 얼마든지 색깔이 달라질 수 있다. 바닷속에 플랑크톤이 많으면 푸른빛을, 석회질이 섞일수록 초록빛을 띤다고 한다. 수온의 영향도 무시할 수 없기 때문에 계절에 따라서도 물빛은 달라진다.

그러나 바다 색깔을 좌우하는 가장 큰 요인은 뭐니 뭐니 해도 날씨다. 당연하겠지만 바닷물 자체는 파란색이 아니다. 투명한 소금물일 뿐이다. 그런데도 우리 눈에 바닷물이 파랗게 보이는 건 순전히 빛의 산란 때문이다. 파장이 긴 빨강, 주황, 노랑은 그대로 흡수되고 말지만 비교적 파장이 짧은 초록, 파랑은 반사되기 때문이다. 당연히 볕이 쨍한 날일수록 반사시키는 파란색이 찬란할 수밖에. 문과형 인간인 본인은 이 당연한 과학적 지식을 실제로 눈으로 경험하고 나서야 제대로 받아들였지만 말이다.

빛이 적은 흐린 날씨엔, 아무래도 바다 사진이 예쁘게 나오기가 힘들다. 물빛 예쁘기로 소문난 세화해변에 갔을 때도 예외가 아니었다. 해변 곳곳은 보말을 잡고 모래놀이도 하며 바다를 충분히 즐기는 피서객들로 흥겨운 분위기였다. 사실 흐린 날씨가 놀기에는 더 좋다. 하지만 나는 놀기보다는 촬영을 위해 방문한 터였다. 빛깔만이 그 바다의 매력을 결정짓는 것은 아니지만 좀 아쉬웠던 건 사실이다. 한참 촬영을 하다 보니 마스크 안으로 땀이 차오르고 어질어질 머리가 아프기 시작했다. 잠시 쉬어갈 겸 카페에 들어가 구좌당근주스를 하나 주문했다. 비싼 만큼 신선하고 맛있었다. 제주 바다를 보며 제주 당근주스를 마시고 있다는 것 자체만으로 에너지가 빠르게 충전되는 것 같았다.

에이, 날씨가 좀 흐리면 어떤가. 반쯤은 체념한 채 기운을 조금 차리고 테라스에 나가 바다 사진을 몇 장 찍는데, 아주 찰나의 순간이었다. 갑자기 이 해변가 전체에 누군가 필터를 씌운 게 아닌가 싶을 정도로 바다가 총천연색으로 빛나는 게 아닌가. 너무 순간적으로 일어난 일이어서 지금 내 눈 앞에 있는, 시리도록 푸른 빛깔을 자랑하는 세화바다가 방금 전 그 바다가 맞나 싶을 정도였다. 구름을 비껴난 정오의 태양이 부린 마법이었다.

'와, 사진 찍으라고 일부러 환하게 불 켜준 것 같네.'

땀도 식혔겠다, 서둘러 무거운 카메라를 챙겨 나온 나는 다시 해변을 되돌아가며 사진 촬영을 이어나갔다. 불과 10분 전만 해도 흐릿하고 애매모호한 빛깔이었던 바다가 언제 그랬냐는 듯이 반짝반짝 새파랗게 빛나고 있었다. 깨끗한 수질과 적절한 수온, 하얀 모래와 얕은 해변, 거기에 찬란한 햇살이 내리쬐자 마치 일부러 불을 밝힌 듯 푸른 바다가 짠 하고 나타나는 게 신기하고 놀라웠다.

솔직히 고백하면, 당시에는 그 원리에 대해서 깊이 생각하지는 않았고 다만 이 아름다움이 지금 내 눈앞에 존재한다는 게 기뻤다. 그러니까 이렇게 파랗고 아름다운 바다는 꽤 많은 우연과 행운이 중첩되어 우리 앞에 펼쳐지는 기적이 아닐까. 바다의 푸른 빛 앞에서 우리가 한없이 기쁘고 설레는 까닭이 여기 있다.

김녕성세기해수욕장
제주도에서 가장 아름다운 물빛

#김녕해수욕장 #백사장 #수영 #휴식 #올레길20코스

제주 바다가 지닌 아름다움의 절정

김녕성세기해수욕장(이하 김녕해수욕장)은 거대한 너럭바위 용암 위에 만들어진 독특한 지형적 특징을 가졌다. 성세기는 외세의 침략을 막기 위한 작은 성이라는 뜻이다. 화산이 만든 독특한 지질 환경, 아름다운 백사장, 푸르다 못해 시린 투명한 바다, 마음을 탁 트이게 해주는 시원한 바람까지. 김녕해수욕장은 제주 바다가 지닌 아름다움의 절정이다.

내가 제주 바다에 완전히 빠져들게 된 계기도 바로 김녕해수욕장 덕분이었다. 멀리서 보면 이게 현실인가 싶을 정도로 파랗고, 가까이 들어가서 보면 바닷물이 맞나 싶을 정도로 투명하다. 다리 사이로 지나가는 물고기들을 보며 탄성을 지르고, 바로 뜯어 먹어

여름 성수기에 몰리는 인파

수질이 맑아 스노클링하기 좋은 김녕바다

도 탈 날 것 같지 않은 해초를 머리에 스카프처럼 두르고서 깔깔 대며 놀았다. 김녕해수욕장에서 여름을 보낸 것만 수 차례. 이곳 특유의 코발트블루 빛깔 바다는 사람을 홀리는 매력이 있다.

자연 그대로의 해변

가까이 있는 월정해수욕장에 비해 해변 근처가 상업화되지 않았다는 점은 장점이자 단점. 바다 뷰를 자랑하는 카페가 한두 곳 있고, 바닷가 바로 앞에 있는 식당은 김녕오라이식당뿐. 편의점 도 드물고 골목 안쪽으로 들어가면 칼국수집과 횟집이 있으나 월 정리처럼 활성화되어 있는 분위기는 아니다. 하지만 김녕해수욕 장을 좋아하는 사람들은 오히려 이런 분위기를 더 사랑하는 듯 하다. 화려하지 않아도 다채로운 자연이 가까이에 있어 심심할 틈 없고 여행의 진정한 행복이 가득하다.

평소엔 한산하지만 여름 성수기에는 김녕해수욕장도 제법 북 적인다. 수심이 얕아서 가족 단위 여행객들이 물놀이를 즐기기에 좋은 환경인 데다가 야영장 시설이 훌륭해서 캠핑 명소로도 유명 해졌다. 해변 규모가 꽤 크기 때문에 패러세일링, 제트스키, 패들 보드 등 레저를 즐기는 여행객들도 많은 편. 걷기 좋아한다면 김 녕 월정 지질트레일을 추천한다. 걷는 내내 처음 보는 식물과 지형 에 감탄이 절로 나온다.

스노클링 성지 세기알해변

김녕에는 성세기해변 외에 또 다른 해변이 있다. 서쪽 방파제 옆에 위치한 세기알해변이다. 이곳은 비교적 수심이 깊어 스노클링이나 프리다이빙을 즐기는 사람들에게는 그야말로 천국과 같은 곳이다. 바닷속 독특한 화산지형을 관찰할 수 있고, 해초 사이를 날렵하게 헤엄치는 물고기도 쉽게 만날 수 있다. 운이 좋으면 떼를 지어 헤엄치는 물고기 무리를 마주칠지 모른다.

김녕바다에서의 물놀이를 마무리하는 최고의 방법은 서쪽에 위치한 용천수 청굴물에서 간단히 샤워하고 몸을 말리는 것이다. 배가 고프다면 해녀촌식당의 매운탕 한 그릇을 추천한다. 당분간 제주 바다의 매력에서 헤어나기 힘들 것이다.

info.
주소 제주특별자치도 제주시 구좌읍 구좌해안로 237
연락처 064-728-3987
편의 시설 무료 주차장, 화장실, 흡연 구역, 편의점, 음료대, 야영장, 취사장
추천 바다 뷰 카페 쪼끌락(제주특별자치도 제주시 구좌읍 김녕로21길 21)

하도해변
숨겨진 물놀이 천국

#물놀이 #스노클링 #한적한 #올레21코스

남녀노소 즐길 수 있는 물놀이 천국

성산-종달-하도-세화를 잇는 해맞이해안로는 제주도 해안도로 가운데서도 아름답기로 손꼽히는 드라이브 코스다. 이곳을 달리다 하도를 지날 때면 "어, 여기가 어디지?" 하고 잠시 속도를 늦추게 된다. 잔잔한 수면이 드넓게 펼쳐져 있고, 알록달록한 튜브와 스노클을 끼고 노느라 여념이 없는 아이들이 가득하다. 바로 하도해변이다. 제주도는 해변 수심이 대부분 얕은 편이지만 그중에서도 하도해변은 정말 얕다. 백사장 위에 바닷물이 살짝 깔려 있다는 표현이 더 어울릴 정도이다. 이제 막 걸음마를 뗀 듯한 어린아이도 바다 위에 털썩 앉아 해초와 조개를 만지작거리며 놀 수 있는 물놀이 천국이다.

하도해변의 여유로운 풍경

아이들이 놀기 좋게 얕은 수심

가족 단위 관광객에게 인기 만점

제주는 숲과 바다_Part 2. 나의 바다

잘 보존된 제주의 자연

파도가 높지 않아 패들보드, 카약, 스노클링 등 레저 체험 명소로 유명하지만 파라솔과 의자를 가져다놓고 바다를 바라보거나 한적한 해변 분위기를 만끽하며 산책만 해도 좋다. 저 멀리 바다 너머 우도가 보이고 가까이에는 천연기념물 제19호로 지정된 제주 토끼섬 문주란 자생지와 하도리 철새 도래지가 있다. 제주 동쪽 해안 특유의 아름다운 자연이 그대로 보전된 지역이다.

특별한 해녀 체험

구좌읍의 많은 지역이 그러하듯 하도리 또한 해녀 문화가 잘 보존된 지역 중 하나다. 하도해변 옆에 위치한 하도어촌체험마을에 가면 일정 비용을 내고 직접 해녀 체험을 할 수도 있다. 원래 관광객은 바닷속 해산물 채취가 엄격하게 금지되어 있지만 해녀 체험에서는 가능하다. 전복과 해삼을 내 손으로 직접 따는 경험은 분명 잊을 수 없는 추억이 될 것이다.

info.

주소 제주특별자치도 제주시 구좌읍 해맞이해안로

연락처 064-728-7783

편의 시설 공용 주차장, 화장실, 급수대, 샤워실, 경보 및 피난 시설

제주는 숲과 바다_Part 2. 나의 바다

beach
08

종달리해변
이름처럼 작고 귀여운 바다

#숨겨진명소 #한적한바다 #나만의바다 #올레21코스

소박하고 작은 해변

제주도 동쪽 마을 종달리는 해마다 6월이면 만발하는 수국으로 유명한 지역이다. 한쪽에 푸르른 성산 앞바다를 끼고 신비로운 빛깔을 자랑하는 수국 사이를 달릴 수 있는 종달리 해안도로는 제주에서 가장 아름다운 드라이브 코스로 손꼽힌다. 소박하고 아기자기한 볼거리로 이름난 곳이지만 종달리에 숨어 있는 작은 해변에는 정작 찾는 사람이 그리 많지 않다. 성산일출봉을 보러 가는 길에 잠시 들르거나 우도대합실을 이용하려는 사람들 외에는 사실 인적이 드문 편. 그러나 작고 호젓한 분위기의 종달리해변은 나름의 매력이 넘치는 곳이다.

성산일출봉이 멀리 보이는 해변 풍경

문주란 자생지로도 유명한 곳

바라만 봐도 좋은 바다

종달새가 연상되는 귀여운 느낌의 지명이지만 종달리는 종처럼 생긴 산(지미봉) 밑에 달려 있다는 꽤 직관적인 의미를 가지고 있다. 우도를 오가는 선착장(우도종달대합실) 바로 옆에 위치한 종달리해변은 한눈에 해안이 다 들어올 정도로 작은 규모다. 완만하게 곡선을 그리는 해안을 따라 비교적 깨끗한 백사장이 펼쳐져 있고, 녹지에 활짝 피어난 문주란의 자태도 감상할 수 있다. 정식 해수욕장이 아니라 물놀이를 즐기는 이들은 거의 없지만, 해변을 산책하거나 풍경을 바라만 봐도 좋은 곳이다. 멀지 않은 곳에 우도와 성산일출봉이 위치해 있어 가장 제주도다운 풍경을 조망할 수 있기 때문이다.

바다의 품에 폭 안긴 듯 아늑한 기분

의외로 이 지역에 머무는 여행객들이 많은 편. 우도나 성산 쪽과 접근성이 좋고, 아기자기하고 개성 있는 숙소와 맛집이 많기 때문이다. 제주도 특유의 예쁜 마을에서 여유로운 시간을 보내고 싶은 여행객에게 종달리는 더없이 좋은 여행지인 셈이다. 그곳에 숨은 보석 같은 해변 풍경은, 잊을 수 없는 한 폭의 그림으로 각인될 것이다.

info.

주소 제주특별자치도 제주시 구좌읍 종달리 565-72

연락처 064-728-7711

성산일출봉을 조망할 수 있는 종달리해변

바다는 공짜가 아니다

예전부터 그랬다. 바다에 가면 기분이 좋아졌다. 두 눈 가득 펼쳐진 파랑. 다른 세계를 상상하게 하는 수평선. 햇볕이 수면에 닿아 반짝거리는 윤슬. 파도 소리와 새소리, 그리고 먼 데서 불어오는 소금기 머금은 바람까지도. 수영과 다이빙을 배워 바닷속 세상을 누비면서 호감은 애정으로 진화했다. 고요하면서도 스펙터클한 수면 아래의 세계. 지상과는 전혀 다른 호흡과 압력으로 만나는 물속 세상은 자연을 대하는 나의 태도를 더욱 겸허하게 만들어주었다.

그러나 이번 취재 여행을 하면서는 그리 기분이 좋지만은 않았다. 바다는 여전히 아름다웠지만 그리고 늘 같은 자리에 있었지만, 고통받고 있었다. 그게 보이기 시작했다.

이른 아침 협재해수욕장에 갔다. 워낙 사람 많은 인기 해수욕장이라 좀 한적할 때 사진을 찍어두고 싶었기 때문이다. 아무도 없는, 새벽빛 머금은 고즈넉한 해변을 기대했던 나의 마음은 금세 아연실색해졌다. '고즈넉'은 무슨, 해변 곳곳은 광란의 파티광들이 메뚜기 떼처럼 훑고 지나간 잔해로 가득했다. 굴러다니는 소주병과 맥주캔, 먹다 남은 과자와 치킨 뼈다귀들, 온갖 쓰레기들이 눈살을 찌푸리게 했다. 게다가 담배꽁초는 대체 왜 그렇게 아무데나 버리는 건지! 모래사장이 아니라 꽁초 사장이라 해도 과언이 아닐 정도였다. 그들은 이 아름다운 곳에서 꽤나 즐거운 시간을 보냈는지 몰라도, 해변 입장에서는 매일 악당으로부터 공격받는 기분이 아닐까 싶었다. 입으로는 아름답다고 찬사를 보내면서 온갖 오물로 더럽히고 모욕하는 악당들. 이토록 이중적인 모습이야말로 악당의 모습이 아니겠는가 말이다.

오전 7시가 넘어서자 손수레를 끌고 청소하시는 용역직원 분들이 하나둘 나타났다. 그들은 너무도 익숙한 듯이 여러 명이 횡대로 도열해 해변을 한 방향으로 훑으며 쓰레기를 수거해나갔다. 청소는 한 시간이 넘도록 계속되었다. 다시 깨끗한 얼굴을 되찾은 해수욕장에는 예쁜 옷을 차려입은 관광객들이 몰려들기 시작했다.

매일 제주 해변을 돌아다니며 이러한 풍경을 계속 목격하자 이전처럼 바다를 마냥 즐길 수가 없게 되었다. 언제까지고 누릴 수 있을 것만 같던 바다의 풍요로움에도 한계가 있다는 걸 어렴풋

이 느꼈기 때문이다. 단순히 해수욕장을 찾은 일부 관광객의 무개념이 문제가 아니었다.

한번은 광치기해변에 갔다가 희한한 장면을 목격했다. 사람도 없는 해변가에 온갖 쓰레기가 여기저기 흩어져 있었다. 그날따라 파도가 엄청 셌는데, 그 파도가 해변에 쓰레기를 뱉어놓은 것이었다. 철썩철썩 파도가 칠 때마다 부러진 나뭇가지, 플라스틱 잔해, 찢어진 그물, 소쿠리, 낚싯줄, 스티로폼 같은 것들이 쏠려와 여기저기 나동그라졌다. 보아하니 우리나라에서 생산된 것 같지 않은 물건들도 꽤 있었다. 아마도 바다에서 어업을 하는 배에서 버려진 쓰레기일 터였다. 이것들은 이 넓디넓은 바다를 얼마나 오래 방황하다가 여기까지 왔을까. 아니, 지금도 얼마나 많은 쓰레기가 바닷속을 유영하고 있을까. 광치기해변의 거센 파도는 마치 소화불량에 시달리다 못해 비어져 나온 욕지기같이 느껴졌다. 철썩철썩 파도치는 소리가 내 귀엔 고통의 신음으로 들렸다.

숙소로 돌아와서도 내내 기분이 좋지 않았다. 나는 지금 뭘 하고 있는 걸까. 바다가 이렇게 고통받고 있는데 그걸 외면하고서, 나는 '제주 바다가 이렇게 예뻐요. 많이 많이 오세요'라고 말하는 사진을 찍고 글을 쓰려는 건가. 하지만 내가 무슨 일을 할 수 있을까. 아니, 무슨 일이든 해야 하지 않을까. 나는 벌떡 일어났다.

"잠깐 나갔다 올게요."

성혜에게 이렇게 말하고 뛰쳐나갔다. 밤 9시였다. 15분 거리에 있는 슈퍼마켓은 다행히 아직 영업 중이었다. 나는 거기서 대형 쓰레기봉투와 커다란 집게를 샀다. 그리고 결심했다. 최소한, 내가 바다를 누리는 시간만큼이라도 쓰레기를 주워야지. 아주 작은 실천, 아니 하나 마나 한 이 행동이 환경에 도움은 안 될지라도 적어도 이 마음가짐을 지켜나가는 데는 도움이 되리라.

우리는 언제까지 바다를 누릴 수 있을까. 아마 시간이 얼마 남지 않았을 것이다. 바다는 공짜가 아니다. 우리가 계속 바다를 이런 식으로 소비한다면, 언젠가는 거센 대가를 돌려받을 것이다. 광치기해변이 토해놓은 쓰레기들이 그렇게 말하고 있었다.

광치기해변
제주의 대자연을 담은 풍경

#검은모래 #독특한지형 #스냅사진 #올레길2코스

제주의 대자연을 느낄 수 있는 곳

성산일출봉으로 가는 길목(일출로)에 위치한 광치기해변에 처음 들어서면 '와, 대자연이다!' 하는 감탄이 절로 나온다. 한눈에 다 들어오지 않을 정도로 넓고 기묘한 현무암 지형이 드넓게 펼쳐져 있기 때문이다. 분화구에서 폭발해 흘러나온 용암이 해수면과 만나 그대로 식어버린 모습이란 걸 쉽게 짐작할 수 있다. 수평선을 바라보면 위용이 당당한 성산일출봉이 근사한 배경이 되어준다. 거대한 규모, 여전히 살아 숨 쉬는 듯한 역동성을 간직한 바다. 광치기해변이다.

해변을 따라 산책로가 마련되어 걸으면서 풍경을 감상하기에 좋다. 남쪽으로 조금 더 이동하면 모래사장을 만날 수 있는데 화

광치기해변의 독특한 지형

근사한 배경이 되어주는 성산일출봉

역동성이 느껴지는 너럭바위

산암이 풍화되어 오랜 세월에 걸쳐 만들어진 모래라 검은빛을 띄고 있는 것이 특징이다. 해변 규모는 꽤 큰 편이지만 파도가 세서 물놀이를 즐기는 사람은 많지 않다.

성산일출봉과 일출을 함께 담을 수 있는 포토존

'광치기'란 '드넓은 너럭바위'라는 의미의 제주어라고 한다. 많은 사람들이 광치기해변을 방문하는 이유는 아마도 이 너럭바위를 보기 위해서일 것이다. 지표면과 바닷속을 넘나드는 역동적인 모양새도 멋지지만, 시간의 흐름에 따라 풍화되고 푸르른 이끼로 덮여 광치기 특유의 묘한 아름다움을 형성한다.

우뚝 솟은 성산일출봉과 눈부신 일출을 한 프레임에 담을 수 있어 연말연시에 많은 사람들이 찾는 명소이기도 하다. 일출 때가 아니더라도 용암지질이 만든 기묘한 해안선과 성산일출봉의 웅장함은 사진으로 담기에 언제나 훌륭한 제주의 대자연이다.

info.
주소 제주특별자치도 서귀포시 성산읍 고성리 224-33
편의 시설 공용 주차장, 화장실

제주는 숲과 바다_Part 2. 나의 바다

신양섭지해수욕장
윈드서핑의 성지

#신양해수욕장 #성산일출봉 #풍경 #윈드서핑

제주 동쪽을 대표하는 윈드서핑의 성지

성산일출봉과 더불어 동쪽을 대표하는 관광지인 섭지코지. 신양섭지해수욕장(이하 신양해수욕장)은 바로 이 섭지코지를 잇는 길목에 위치한 해수욕장이다. 남쪽을 향해 휘어진 곶부리 안에 형성되어 연갈색의 고운 모래사장과 수심 얕은 바다가 아늑하게 펼쳐져 있다. 바라만 봐도 마음이 평화로워지는 풍경이다.

신양해수욕장은 윈드서핑을 즐기는 이들이 모여들면서부터 유명해졌다. 한때 국제 윈드서핑 대회가 열리기도 한 이곳은 안쪽으로 움푹 들어간 만의 형태인지라 바람이 제법 부는 날에도 파도가 필요 이상으로 거세지지 않기 때문에 윈드서핑을 즐기기에 더없이 좋은 환경이다. 근처에 크고 작은 윈드서핑숍이 자리하고

성산과 섭지코지를 바라보며 망중한

해변가의 돌하르방

있으므로 한번쯤 윈드서핑을 접해보고 싶은 초보자라면 신양해
수욕장에서 도전하는 건 어떨까.

다른 개성을 자랑하는 두 개의 해변

길만 건너면 완전히 다른 분위기의 해안이 펼쳐진다. 용암 바
위가 해수면에 걸쳐 넓게 펼쳐져 있고, 성산일출봉이 정면에서 위
엄을 드러낸다. 캠핑 의자를 가져다놓고 오래오래 풍경을 즐기는
여행자의 모습에서 여유로움이 느껴진다.

4~7월 밀려오는 해초더미가 골칫거리

충분히 멋진 해변임에도 신양해수욕장에서의 해수욕을 추천
하지 않는 이유는, 매년 해변으로 몰려드는 어마어마한 양의 해초
더미 때문이다. 구멍갈파래와 괭생이모자반 등 남중국해에서부터
떠내려온 해초들이 제주 동부 해안을 잠식하는데, 특유의 냄새와
불쾌감 때문에 해수욕을 피하는 사람들이 늘고 있다. 특히 수온
이 급격히 상승하는 6월에 절정을 이루는데, 지자체에서 성수기
해수욕장 개장 전 해초 제거 작업을 한다.

info.
주소 제주특별자치도 서귀포시 성산읍 섭지코지로 88
연락처 064-760-4282

편의 시설 공용 주차장, 화장실, 편의점, 음료대, 유도 및 안내 시설

제주의 바람을 즐기는 윈드서핑

beach
11

표선하얀모래해수욕장
광활한 모래톱으로 유명한 해변

#가족여행 #광활함 #모래 #올레3코스

서귀포의 인심 좋은 해변

"여기가 해수욕장이라고?"

이곳을 처음 찾았을 때는 썰물 무렵이었나 보다. 드넓게 펼쳐진 모래톱은 그 끝을 알 수 없었고, 수평선이 아니라 지평선이 보일 정도라 해수욕장이라기보다는 드문드문 물웅덩이가 있는 사막처럼 보였다. 하지만 밀물 때가 되면 사정이 달라진다. 반달 모양으로 움푹 파인 해변 모양을 따라 물이 들어차는데 그 모습이 마치 에메랄드빛 원형 호수 같다. 만조가 되어도 수심이 워낙 얕기 때문에 물놀이를 즐기기에 부담이 없다. 황금빛 모래사장도, 맑은 바다도 모두 품이 넓다고나 할까. 참으로 인심 좋은 해변이 아닐 수 없다.

휴게 시설을 잘 갖춘 큰 규모의 해변

간조 때 드러나는 광활한 모래톱

가족 여행객을 위한 시설

그래서일까. 표선해수욕장에는 아이들과 동반한 가족 여행객들이 많이 찾는 편이다. 공항에서는 다소 멀지만 인근에 제주민속촌과 제주허브동산 등이 있어 입지가 좋고 무료 공용 시설도 잘 관리되는 편이다. 오른쪽 해안을 따라 현무암을 깎아 만든 테이블과 의자가 휴식 공간으로 마련되어 있어 누구나 이용할 수 있다. 언제든지 쉬어갈 수 있는 벤치와 정자, 아름답게 잘 가꿔진 산책로, 드넓은 잔디밭 야영장과 깨끗한 취사장 등이 있어 방문하는 이들을 위한 세심한 배려가 엿보인다.

남녀노소 모두 즐거운 모래 천국

보통 해수욕장을 찾을 땐 바다에서의 물놀이를 기대하곤 하지만 이곳에서만큼은 기준을 바꾸어야 할 것이다. 표선해수욕장의 백미는 바로 모래이기 때문이다. 이곳은 백사장의 면적이 16만 m²에 이를 정도로 엄청난 모래 양을 보유하고 있다. 별칭이 '하얀모래해수욕장'인 이유다(실제 모래 색깔은 황색에 더 가깝다). 그래서인지 해변 곳곳에 모래로 만든 갖가지 조형물이 눈길을 사로잡는다. 말, 호랑이, 사자, 새, 사람 등 종류도 다양하다. 당연히 모래밭에 털썩 주저앉아 자기만의 세계에 빠져 있는 어린 예술가들의 모습도 쉽게 발견할 수 있다. 해마다 8월이면 열리던 '하얀모래축제'는 코로나로 인해 잠시 중단했다가 올해 7월 말 다시 열렸다.

info.

주소 제주특별자치도 서귀포시 표선면 표선리

연락처 064-760-4992

편의 시설 공영 주차장, 화장실, 음료대, 유도 및 안내 시설, 경보 및 피난 시설,
야영장

추천 바다 뷰 카페 카페 코코티에(제주 서귀포시 표선면 표선당포로 21-3)

중문색달해수욕장
열정적인 분위기의 서핑 천국

#서핑 #해수욕 #레저 #젊음 #도전 #올레길8코스

젊은 열기로 가득한 해수욕장

주차장에서 해수욕장으로 내려가는 길에서부터 다른 제주 해수욕장과는 사뭇 다른 열기에 심장이 두근거린다. 열대우림을 연상케 하는 풍성한 야자수 사이로 탁 트인 바다, 그 위에서 파도를 기다리고 있는 서퍼들이 보인다. 내리쬐는 태양으로 모래톱은 뜨겁게 달아올라 있지만, 수많은 피서객들이 개의치 않고 한낮의 유희를 즐긴다. 중문 지역을 대표하는 색달해수욕장만이 지닌 매력적인 풍경이다.

중문관광단지 대표 해수욕장

길이 약 560m, 폭 50m 규모의 해변으로 모래는 흑색, 백색,

파도를 기다리는 서퍼들의 뜨거운 열기

젊은 피서객들의 활기찬 분위기

제주도 서핑의 성지

JEJU
BARREL
SURF

적색, 회색을 골고루 띠고 있어 날씨나 시간대에 따라 다른 빛을 발산한다. 제주어로는 '진모살'이라 하는데 모래 자체가 끈적거릴 만큼 곱고 가늘어서 붙여진 이름이라고 한다. 아름다운 해안으로도 유명한 중문색달해수욕장은 중문관광단지 안에 속해 있어 제주 남부 여행을 집중적으로 즐길 수 있는 구심점이 된다. 천제연폭포, 대포주상절리 등과 이어지는 지점에 위치해 있으며 문섬, 새섬, 범섬을 연결하는 칠십리해안의 절경도 즐겨볼 만하다.

제주도에서 서핑을 한다면 이곳에서

대표적인 '제주 서핑의 성지'로 손꼽히는 곳이다. 사계절 내내 수온이 따뜻하고 파도가 높아 어느 계절에 가도 스릴 있는 서핑을 즐길 수 있다. 해변가 근처에는 수많은 서핑숍과 레저용품점이 즐비해 있어 초보자도 쉽게 이곳에서 해양 스포츠에 도전할 수 있다. 다만 해변의 규모가 그리 큰 편은 아니라 늘 많은 사람들로 북적거린다는 점은 염두에 두자. 초보자라면 간단한 서핑 룰을 숙지하고 가면 좋다. 국내에서 가장 큰 규모의 국제 서핑 대회가 매년 6월에 개최된다.

info.

주소 제주특별자치도 서귀포시 중문관광로72번길 29-51

연락처 064-760-4993

편의 시설 무료 주차장, 샤워실, 탈의실, 화장실, 급수대, 매점, 야영장

tip. 반드시 지켜야 할 서핑 에티켓

바다에는 리프, 조류 등 여러 가지 위험 요소가 있다. 안전한 서핑을 즐기기 위해서는 한정적인 파도를 서로 공유하고, 근처의 해수욕객과 서퍼에게 관심을 기울이는 자세가 필요하다. 서퍼들이 자연스럽게 공유하고 있는 서핑 에티켓을 미리 숙지하자.

1. 드랍하지 마세요
피크에 제일 가까이 있는 서퍼가 테이크오프를 하면 다른 모든 서퍼들은 패들링을 멈추고 다음 파도를 기다려야 한다.

2. 스네이킹 하지 마세요
스네이킹이란 의도적으로 다른 사람의 피크를 빼앗는 행위를 말한다. 상황적으로 스네이킹을 한 서퍼가 피크의 우선권을 가진 서퍼보다 안쪽에 위치하게 되는데 이것은 매우 매너 없는 행동이다.

3. 길을 막지 말아주세요
라이딩을 하는 사람의 진로를 방해하지 않도록 파도가 깨지는 포인트에서 최대한 바깥쪽으로 돌아서 나가야 한다. 이미 위치가 인사이드인 경우 거품쪽으로 피해 다른 서퍼를 방해하지 않도록 한다.

4. 자신의 위치를 알려주세요
충돌 위험이 있는 상황일 때는 큰 소리로 "죄송합니다!" 하고 외치며 자신의 위치 또는 진행 방향을 알린다.

5. 무리한 라이딩을 자제해주세요
테이크오프 또는 마뉴버 시도 전 패들아웃하는 서퍼의 위치를 확인한다. 충돌의 위험이 있는 경우 무리한 시도는 큰 사고의 원인이 된다. 하나의 파도보다 중요한 것은 모두의 안전이다.

6. 보드를 절대 놓치지 마세요

어떠한 상황에서도 자신의 보드를 놓쳐서는 안 된다. 다른 서퍼에게 피해를 줄 뿐만 아니라 큰 사고의 원인이 된다.

7. 실력에 맞는 위치를 선정해주세요

피크에 가까이 있는 서퍼가 테이크오프에 실패했을 경우 다른 서퍼들에게 우선권이 넘어간다. 계속되는 무리한 시도는 다른 서퍼들의 기회를 빼앗기 때문에 자신의 실력이 안되거나 컨디션이 좋지 않으면 피크를 양보해야 한다.

8. 로테이션을 지켜주세요

바다에는 어떤 흐름이 존재한다. 그 리듬을 깨는 사람은 파도를 공유할 자격이 없다. 자신의 서핑 실력을 과신하지 말고 차례를 지키며 때로는 양보하는 미덕이 있어야 한다.

9. 롱보더는 숏보더를 배려 해주세요

롱보드는 숏보드에 비하여 부력이 좋아 패들링이나 테이크오프가 유리하기 때문에 이를 남용하지 않는 것이 중요하다. 여러 사람이 바다에서 함께 서핑을 즐길 수 있도록 롱보더는 숏보더를 배려해야 한다.

10. 스스로 책임감을 가져주세요

혼잡한 바다에서 사고가 일어날 때 한쪽에 100퍼센트 과실이 있다고 말하기는 어렵다. 서퍼는 자신의 행동에 스스로 책임을 지고 다른 이들에게 피해를 주지 않도록 노력해야 한다.

출처_중문색달해수욕장

제주는 숲과 바다_Part 2. 나의 바다

beach
13

사계해변
이국적인 해안사구를 배경으로 인생 사진

#기념사진 #해안사구 #산방산 #자연경관 #올레10코스

산방산과 용머리의 장관이 한눈에

산방산 바로 아래에 위치한 작고 한적한 해변이었으나 최근 인생 숏 찍기 좋은 핫플레이스로 떠오르며 젊은 관광객들이 몰리고 있다. '사계'란 명칭은 '명사벽계(明沙碧溪)'라는 수식어의 줄임말로 해안을 따라 형성된 깨끗한 모래와 푸른 물이 어우러진 곳이라는 뜻이다. 그만큼 아름답고 독보적인 풍경을 자랑하는 곳으로 바다 위 형제섬, 근처의 산방산과 용머리해안, 저 멀리 한라산까지 조망할 수 있는 보기 드문 입지에 있다. 서귀포의 명소들을 사방에 두르고 해수욕을 즐기는 호사를 누릴 수 있는 곳이다.

저 멀리 형제섬을 조망할 수 있는 해변

이국적인 포토존

사계해변은 해안을 따라 1.7km, 폭 100∼300m에 걸친 대규모 사구지대다. 크게는 모래해안과 암석해안으로 나뉜다. 비교적 맑은 수질을 자랑하는 곳임에도 해수욕하는 사람들은 드문 편이다. 대신 관광객들은 해변 왼쪽에 위치한 암석해안 지역에 몰려 있다. 딱딱하게 암석화된 사구의 곡선과 오묘한 조형미가 마치 외국의 대자연처럼 이국적인 덕분이다. 다만, 촬영 포인트가 정해져 있어 인생 숏을 건지려면 인내심을 가지고 긴 줄을 서야 한다.

안타깝게도 지속적인 파식작용으로 인해 사계해변을 이루고 있는 지층인 화순층 면적이 감소되고 있다고 한다. 또한 밀물 때는 사구가 온전히 드러나지 않으니 썰물 시간대를 미리 확인하고 방문하자.

제주 여행의 보석 같은 스폿

사계해변은 제주 올레길 10코스가 통과하는 지역이기도 하다. 인기 해변은 아니지만, 그래서 희소성이 있고 주변에 함께 둘러볼 관광 명소가 은근히 많아 방문할 만하다.

근처 산방산과 산방굴사에 올라갔다가 간조 시간대에 맞추어 용머리해안을 돌아보고, 사계해안의 절경이 내려다보이는 바다뷰 카페에서 달콤한 디저트와 함께 커피를 한잔하면 이보다 더 완벽할 수 없는 하루가 완성될 것이다.

info.

주소 제주특별자치도 서귀포시 안덕면 사계리

연락처 064-760-2772

편의 시설 공용 주차장, 편의점, 음료대

추천 바다 뷰 카페 카페 뷰스트(제주 서귀포시 안덕면 형제해안로 30)

독특한 해안 지형을 자랑하는 사계해변

제주는 숲과 바다_Part 2. 나의 바다

화순금모래해수욕장
온 가족이 함께 즐기는 캠핑 레저 천국

#가족 #캠핑 #레저 #해변 #모래 #올레9코스

모래놀이와 물놀이에 최적의 환경

화순항 근처에 위치한 화순금모래해수욕장은 규모가 크고 시설이 훌륭한 데 비해 관광객에게 크게 알려지지 않아 오히려 현지인들이 많이 찾는 곳이다. 이곳에 처음 도착했을 때 눈에 들어온 것은 역시 그 이름에 걸맞게 드넓은 모래밭이었다. 화순금모래해수욕장은 무려 3만여 평에 달하는 넓은 해변을 자랑하는데 짙은 황금색에 가까운 것이 특징이다. 삼양검은모래해수욕장, 표선하얀모래해수욕장과 더불어 모래놀이를 하기 좋은 환경으로 손꼽힌다.

가족 단위 관광객이 많이 찾는 편

제주도에서 가장 유명한 야외 담수 수영장

이곳의 가장 큰 특징은 워터슬라이드까지 갖춘 커다란 담수 수영장일 것이다. 용천수가 워낙 풍부해 야외 수영장을 운영할 수 있을 정도이다. 여름 한철에만 개장하는 야외 수영장에서는 지하에서 솟아 나온 깨끗하고 시원한 용천수에서 수영을 즐길 수 있다. 그뿐만 아니라 족욕을 즐길 수 있는 휴식 공간도 있다. 시원한 용천수에 발을 담그고 고기를 구워 먹는 관광객들도 심심찮게 볼 수 있다. 아이들과 함께하는 가족 여행을 계획한다면 이곳에서만 하루 종일 시간을 보내도 심심할 틈이 없을 듯하다.

가족 캠핑족들에게 추천

다양한 레저 활동을 활발하게 즐길 수 있다는 점도 이곳의 큰 장점이다. 수상자전거, 패들보드, 투명카약 등 온 가족이 즐길 수 있는 다양한 해양 레저가 마련되어 있다. 근처 화순리가 안덕면소재지라 숙박 시설, 마트, 음식점 등 편의 시설도 풍부한 편이다. 무엇보다 캠핑장이 넓게 조성되어 있어 차박 등 캠핑을 즐기는 이들에게는 천혜의 환경이라 할 수 있다.

산방산, 용머리해안과 가깝고 남서쪽 앞바다에는 형제도, 마라도, 가파도가 떠 있어 자연경관이 매우 아름다운 해수욕장이다. 하지만 지척에 있는 화순항 때문에 많은 배들이 오가며 어수선한 분위기를 연출해 탁 트인 시야를 즐기기는 어렵다.

info.

주소 제주특별자치도 서귀포시 안덕면 화순해안로 91

연락처 064-760-4991

편의 시설 공용 주차장, 화장실, 음료대, 야영장, 담수 수영장, 매점, 유도 및 안내
시설, 경보 및 피난 시설

바나나보트 등 다양한 레저를 즐길 수 있는 화순금모래해수욕장

하모해변
서귀포의 숨은 보석

#작은해변 #숨은명소 #맑은수질 #씨워킹 #올레길10코스

여행에 쉼표가 필요할 때

작은 주차장에 차를 대놓고 오솔길을 따라가다보면 아기자기한 조형물들이 눈을 즐겁게 하고, 이내 아담하고 사랑스러운 해변이 여행객을 반긴다. 규모가 작고 근처에 편의 시설도 거의 없어 늘 한적하고 여유로운 편. 여행 기간 중 조용한 해변을 즐기고 싶을 때 찾으면 좋을 보석 같은 곳이다.

찾는 사람이 드물어 더욱 깨끗한 바다

모슬포와 가까워 한때는 '모슬포해수욕장'이라고도 불렸다고 한다. 하지만 지금은 모래 유실이 심하고 돌출된 암반 때문에 안전사고 우려가 커 해수욕장으로는 폐장된 상황이다. 검은빛이 도

하모해변의 포토존

인적이 드물어 여유롭게 해수욕을 즐길 수 있는 하모해변

고요한 하모해변

는 짙은 모래는 입자가 고와 인상적이었지만 해변은 확실히 협소
헤 보였다. 이끼가 낀 암석이 군데군데 돌출되어 있고 해변의 모래
양이 적어 아이들이 물놀이하기에 안전한 환경은 아니었다. 대신
수질이 매우 좋아 물속에 들어갔을 때 시야 확보가 잘 된다는 장
점이 있다. 그래서인지 동남아 휴양지에서나 해볼 수 있었던 씨워
킹을 할 수 있는 명소로 유명하다. 바닷속을 걸어 다니며 열대어
와 산호초를 볼 수 있는 이색 체험이니 한번 도전해보자.

주변에 식당이나 매점 등 편의 시설이 거의 없어 불편할 수
있으나, 그만큼 한적하고 여유로운 여행을 즐길 수 있는 해변이다.
하모해변 주차장 맞은편에는 해바라기밭이 산방산을 배경으로
장관을 이룬다. 하모해변은 올레길 10코스 지점 중 하나이며 해변
근처에 작은 야영장이 있다. 텐트를 칠 수 있는 구역이 10개 이상
마련되어 있는데 성수기에는 유료로 제공되므로 사전에 문의해
야 한다.

info.

주소 제주특별자치도 서귀포시 대정읍 하모리

연락처 064-760-2772

편의 시설 공용 주차장, 화장실, 야영장

제주는 숲과 바다_Part 2. 나의 바다

바다와 모닝커피를

제주에 숙소를 잡을 때 개인적으로 가장 중요하게 생각하는 요소는 '해변까지 걸어갈 수 있느냐'다. 이왕이면 바다 뷰가 좋긴 하겠지만 그건 2차적인 문제다. 신나게 물놀이를 즐긴 후 가볍게 숙소로 돌아와 바로 씻고 쉴 수 있으면 그만이다. 이번 여행의 첫 번째 숙소는 김녕해수욕장에서 거의 1, 2분 거리였기에 더없이 만족스러웠다.

바다가 숙소 가까이에 있으면 좋은 점이 또 있다. 내가 '바다랑 독대하기'라 명명한 놀이인데, 이 글을 읽는 독자 분들께도 꼭 추천하고 싶다. 제주 바다를 온전히 내 것처럼 누리는 가슴 뻐근한 행복감을 느낄 수 있기 때문이다. 이 놀이의 핵심은 '숙소 밖을 나갈 때 절대 씻거나 꾸미지 말 것', 그리고 '혼자 할 것'.

이 놀이를 하려면 여명이 터오는 이른 아침 6시 반에서 7시 반 사이에 일어나야 한다. 눈을 뜨면 바로 일어나 그대로 나갈 채비를 한다. 화장실을 가더라도 거울을 보지 말고, 씻어서도 안 된다(찬물을 얼굴에 끼얹는 순간 정신이 번쩍 나서 아무렇게나 입고 밖에 나가는 것이 부끄러워질 수 있기 때문이다). 대충 눈곱만 떼고, 따뜻한 커피나 차를 한 잔 들고 그대로 바닷가를 향해 걷는다. 이때 커피는 텀블러나 종이컵보다 머그잔에 타기를 권한다. 세라믹이나 유리 재질이면 더 좋다.

극성수기라면 모를까, 보통 제주 해변의 이른 아침은 한산하기 이를 데 없다. 가끔 일하시는 도민 분들을 제외하고는 인적이 드물다. 마치 우리 집 마당을 걷듯이 무심하게 슬리퍼를 끌며 바닷가까지 걷는 게 키포인트. 힘들 정도로 오래 걷는 건 추천하지 않는다.

다시 말하지만, 약간 몽롱한 상태인 게 중요하다. 딱히 뭘 할 필요는 없다. 대충 아무 데나 걸터앉아 따뜻한 잔에 담긴 커피를 홀짝이는 게 전부다. 가능하면 여기가 우리 집 거실이다, 이렇게 편하게 생각하자. 그냥 방파제 한쪽 구석이나 모래사장 위에 철퍼덕 앉아버리는 거다. 머그컵을 바닥에 내려놓을 때 소리가 꽤 생경하다. 사실 모든 감각이 생경하다. 내 눈앞에 홀로 존재하는 바다와, 유난히도 크게 철썩이는 파도 소리와, 때로는 신비로운 물안개와 습기를 머금은 아침 공기……

그 풍경 속의 나란 존재가 문득 낯설게 느껴질 것이다. 한낮의 해변과 새벽녘의 바다가 매우 다른 것처럼, 남에게 보이는 나와 진짜 나 자신 또한 매우 다르니까. 보통은 사적인 공간 안에서만 무장 해제되기에 그런 자신을 들여다볼 기회가 없지만, 여기에서만큼은 예외다. 이렇게 탁 트인 바다 앞에서 완전한 민낯으로 가만히 머무는 것만으로도 스스로와 꽤 많은 대화를 나눌 수 있다. 커피 한 잔을 앞에 두고 바다와 일대일로 독대하는 기분도 든다. 긴 시간이 아니어도 좋다. 짧으면 10분, 가끔은 30분 정도 멍하니 바다 앞에서 그렇게 가만히 있다가 다시 터덜터덜 걸어 숙소로 간다. 잠에서 덜 깬 머리가 그때쯤엔 꽤 맑아져 있다.

정리해놓고 보니 별거 아닌 것 같은데, 기간이 짧고 동행과 모든 일정을 같이해야 하는 여행이라면 사실 이런 혼자만의 시간을 내기가 쉽지 않다. 그래서 이른 아침, 잠에서 깨자마자 바다와 독대하는 시간은 제주를 여행할 때 내가 가장 사랑하는 시간 중 하나다. 특히 코로나 시국 이후에는 마스크 없이 야외에서 나만의 시간을 보내는 일이 더 귀중해졌기 때문에 이 기회를 놓치지 않으려 애쓰는 편이다.

한낮의 해변은 늘 수많은 관광객들로 북적였다. 알록달록한 텐트와 파라솔이 백사장을 가득 메웠고, 장난감을 갖고 와 모래놀이를 하는 어린이들, 패들보드나 서핑을 즐기는 레저 이용객들, 바다를 배경으로 사진 찍기에 여념이 없는 관광객까지 면면도 다양했다. 반짝이는 햇살 아래 북적이는 해변이 주는 활기는 분명히 매력적이지만, 코로나 시국에는 아무래도 조심스러운 것이 사실. 아직까지 크게 알려지지 않은, 작고 소박한 해변의 매력이 돋보이는 시기이다.

이번에 처음 방문한 하모해변은 그런 의미에서 보물 같은 곳이었다. 가파도 마라도 여객선 타는 곳 근처에 위치해 잠시 들러 구경하는 승선객들 외에는 관광객이 거의 없었다. 눈부신 백사장은 아니었지만, 아기자기한 산책길과 다양한 녹조류 등 매력적인 자연환경을 품고 있는 곳이었다. 내가 방문했던 시간은 오전 11시 정도였는데, 수영하는 사람이 딱 한 명이었다. 아늑한 바다 위를 가로질러 스노클링을 홀로 즐기더니 해변 한구석에 비치 타월을 깔아놓고 한동안 선탠을 즐기는 자유로운 여행자의 모습을 보며 왜 그리 부럽던지!

며칠 후, '나 홀로 아침 수영'에 도전장을 던졌다.

아침 7시, 눈을 뜨자마자 차에 물안경과 오리발까지 챙겨가지고 금능해수욕장으로 달려간 것이다. 금능해수욕장은 워낙 수심이 얕아 혼자 수영을 즐겨도 그리 위험할 것 같지 않았기 때문이다(안전요원이 없는 곳에서 수영할 때는 반드시 동행과 함께할 것을 권한다). 한낮엔 늘 붐비는 인기 해수욕장이지만 아침 7시에 수영하는 사람은 예상대로 아무도 없었다.

이 넓고 아름다운 바다를 나 혼자 누리는 호사라니! 수평선을 향해 신나게 수영하다가 몸을 휙 뒤집어 누웠다. 하늘을 바라보며 바다 위에 잠시 둥둥 떠 있었다. 이 하늘, 바다, 공기! 이렇게 멋진데 이걸 다 공짜로 누릴 수 있다니. 정말 아름다운 세상이야!

다시 힘차게 헤엄쳐 돌아오는 길 리어카를 끌고 다니며 쓰레기를 수거하는 용역직원 분들이 보였다. 이 환상적인 바다를 언제까지 이렇게 공짜로 누릴 수 있을까. 아마도 얼마 남지 않았을 거야. 울컥, 가슴 깊은 곳에서 뜨거운 무언가가 치밀어 오르는 것 같았다.

beach
16

금능해수욕장
길게 쭉 뻗은 야자수가 어우러진 바다

#해수욕 #해변 #모래 #아이들 #시설좋음 #올레14코스

최적의 여름 휴가 명소

에메랄드빛에 가까운 투명한 물, 희고 고운 모래, 아이들도 안전하게 놀 수 있는 얕은 수심을 자랑하는 금능해수욕장. 게다가 화장실, 샤워실도 훌륭하니 해수욕장으로서는 거의 완벽한 조건을 갖췄다. 해변가 산책로를 따라 협재해수욕장과 가깝게 이어져 있음에도 금능해수욕장은 특유의 조용하고 여유로운 분위기라서 일부러 이곳을 찾는 이들이 크게 늘고 있다.

만조와 간조 차이 알아둘 것

수심이 얕아 간조와 만조 때의 바다 풍경이 사뭇 다르다. 간조 때는 해변이 넓어지고 수심이 더 얕아지므로 아이와 함께 모래놀이를 하기에 좋다. 만조 때는 모래밭 면적이 크게 줄어드는 대신 파도가 잔잔해 여유롭게 스노클링이나 수영을 하기에 좋다. 해변과 주차장이 바로 연결되어 있어 짐 옮기기가 수월해서인지 차박을 하는 사람들도 간간이 눈에 띈다. 멀지 않은 곳에 울창한 야자수 숲속 야영장이 마련되어 있어 캠핑족들에게 인기 만점이다.

쾌적하고 훌륭한 편의 시설

간단하게 씻을 수 있는 시설은 물론, 온수 샤워까지 가능한 샤워실이 신축됐다. 화장실도 크고 넓은 편이라 시설이 꽤 쾌적하다. 아이들과 함께 물놀이를 즐기기에 천혜의 조건을 갖췄다 해도 과언이 아니다. 해변 입구에 작게 부서진 조개껍질이 모래와 섞여 있어 되도록 아쿠아슈즈 착용을 권한다.

서쪽 해안인 만큼 일몰 명소로도 유명하다. 비양도부터 서서히 물들어가는 노을이 순식간에 파란 하늘을 노란빛으로 바꿔놓을 때 여행의 행복은 두 배가 된다.

info.

주소 제주특별자치도 제주시 한림읍 금능길 119-10

연락처 064-728-3983

편의 시설 공용 주차장, 화장실, 편의점, 음료대, 발 씻는 곳, 유도 및 안내 시설

제주는 숲과 바다_Part 2. 나의 바다

협재해수욕장
제주 서쪽 해변을 대표하는 바다

#레저 #물빛 #노을 #연인 #친구 #가족 #올레14코스

제주에서 가장 인기 좋은 휴양지

제주도 해변을 통틀어 가장 인기 좋은 해변을 꼽으라면 다섯 손가락 안에 드는 곳이 아닐까. 눈부신 백사장과 시리도록 푸른 물빛, 저 멀리 떠 있는 비양도의 모습은 그야말로 한 폭의 그림 같다. 근처에는 멋스러운 바다 뷰 카페와 맛집들이 즐비하고, 휴양지의 분위기를 만끽하는 젊은 여행객들로 연중 붐비는 명소 중의 명소다.

주변에 즐길 거리 가득해

금능해수욕장과 나란히 붙어 있지만 협재해수욕장은 특유의 활기찬 분위기와 근처에 조성된 번화가 덕분에 더욱 인기가 좋다.

해변 산책길에 피어 있는 꽃들

협재해수욕장의 인어공주 조각상

걸어갈 만한 곳에 괜찮은 숙소가 많고 손꼽히는 맛집도 많아 이곳에서만 며칠을 보내도 지루하지 않을 것이다. 협재해수욕장 또한 해변의 경사가 완만하고 수심이 얕으며 파도도 잔잔해 어린아이가 물놀이하기에 안전한 환경을 지녔다.

아름다운 해변을 지키기 위해 명심해야 할 것

문제는 너무 많은 관광객들이 몰린다는 점. 늦은 밤까지 고성방가를 일삼는 취객이나 곳곳에 버려지는 많은 쓰레기로 바다가 몸살을 앓고 있다. 성수기에는 매일 새벽마다 청소를 대대적으로 해야 해변 환경이 유지될 정도다. 이 아름다운 바다를 오래 즐기기 위해서는 이곳을 사랑하는 여행객들의 좀 더 세심한 이용이 필요할 것이다.

info.

주소 제주특별자치도 제주시 한림읍 협재리 2497-1

연락처 064-728-3981

편의 시설 공용 주차장, 화장실, 편의점, 음료대, 야영장, 샤워실 및 탈의실, 유도 및 안내 시설, 경보 및 피난 시설

이른 아침 고요한 분위기의 협재해수욕장

beach
18

곽지과물해수욕장
활기가 넘치는 휴양지

#휴양지 #용천수 #레저 #노을 #올레길15코스

과물노천탕에서 용천수의 매력에 흠뻑

이호테우해수욕장에서 서쪽으로 10km가량 달리다보면 만날 수 있는 매력적인 바다. 서쪽의 협재, 금능해수욕장의 유명세에 가려진 감이 있지만 진정 놀 줄 아는 이들이 알아보고 찾는다는 곽지과물해수욕장이다. 용천수를 뜻하는 제주어 '과물'이란 이름이 붙은 이유는 해변 한가운데 위치한 과물노천탕 덕분이다.

제주도 해변에서 흔하게 볼 수 있는 것이 용천수이지만 이곳이 특별한 이유는 최대 규모인 데다 남탕과 여탕이 나뉘어 있다는 점일 것이다. 바다와 접해 있어 밀물 때는 바닷물이 다소 섞이지만 썰물 때는 시리도록 맑은 용천수로 시원한 샤워를 즐길 수 있다. 바다에서 신나게 물놀이한 다음 과물노천탕에서 몸을 헹구면

해 질 녘 노을빛으로 물들어가는 바다

더위는 금세 사라질 것이다.

활기찬 여름 휴양지로 거듭나는 중

곽지해수욕장이 위치한 마을 곽지리는 선사시대의 패총이 발견되었을 정도로 유서 깊은 마을이다. 그런데 최근 이곳은 애월 지역을 대표하는 해변으로서 젊은 분위기가 물씬 나는 휴양지로 발전하고 있다. 해변을 중심으로 광장과 주차장, 샤워 시설 등 관광객을 위한 시설이 잘 구비되었다. 여름철에는 광장 분수대에서 아이들이 신나게 뛰어노는 모습도 볼 수 있다.

근처에 맛집과 유명한 게스트하우스도 몰려 있어 무료 공영 주차장이 꽤 넓게 조성되어 있음에도 해변 근방은 늘 붐빈다. 여름이면 먹고 즐기는 젊은 관광객들과 파티형 게스트하우스에서 들려오는 음악 소리로 매일 축제 분위기다.

아는 사람만 아는 일몰 명소

해변의 길이는 약 350m, 너비는 70m로 꽤 큰 면적을 자랑한다. 물살이 적당해서 패들보드나 카약 등 해양 레저를 즐기는 이들도 많다. 수심이 그리 깊지 않고 경사도 심하지 않아 물놀이하기에 더없이 좋은 조건을 지녔다. 흰빛에 가까운 모래는 입자가 고와 아이들이 놀기에도 적합하다. 해변 중앙에는 꽤 넓은 현무암 지대가 자리하고 있는데 표면이 날카로우니 물놀이할 때 조심해야 한다.

　곽지해수욕장의 진정한 매력은 일몰 무렵 돋보인다. 맑은 날에는 새파란 바닷빛이 순식간에 붉은빛으로 바뀌며 오묘한 분위기를 자아낸다. 제주 바다의 매력을 담뿍 느낄 수 있는 곳이다.

info.

주소 제주특별자치도 제주시 애월읍 애월원당길(곽지리)

연락처 064-728-3985

편의 시설 공용 주차장, 화장실, 편의점, 음료대, 샤워장, 탈의실(개장 시에만 운영)

가까운 용천수 과물노천탕

추천 바다 뷰 카페 멜팟(제주 제주시 애월읍 곽지11길 21)

곽지해변의 한 카페에서 커피 한 잔

제주는 숲과 바다_Part 2. 나의 바다

이호테우해수욕장
제주 여행의 끝과 시작

#등대 #공항 #서핑 #레저 #촬영 #캠핑 #올레17코스

제주의 전통 해양 문화를 엿보다

제주공항, 혹은 제주 시내에서 접근하기 가장 좋은 위치에 있어 제주도 여행의 시작 혹은 끝 무렵에 꼭 들르게 되는 해변이다. 귀여운 조랑말 등대가 인상적이라 이곳을 배경으로 사진을 찍지 않으면 왠지 섭섭한 기분마저 든다. 이호테우라고 하면, 마치 하나의 이국적인 단어처럼 들리겠지만 제주 해수욕장 대부분은 동네 이름과 해변의 특징을 조합해서 이름 붙였다는 것을 기억하자. 그러니까 이곳은 이호동에 있는 '테우' 해변이라는 뜻.

테우란 뗏목 비슷하게 생긴 제주의 전통 배 이름으로, 주로 해녀들의 이동 수단으로 이용되었다고 한다. 옛날에는 이곳에 테우가 떠 있는 모습을 흔하게 볼 수 있었다. 참고로 이곳은 밀물과

이호테우해수욕장의 마스코트인 조랑말 등대

썰물의 차이를 이용해 고기를 잡는 제주 전통 고기잡이 방식 중 하나인 원담(이호 모살원)을 볼 수 있는 곳이기도 하다. 매년 7월에는 이호테우축제를 열어 독창적인 제주도 해양 문화를 알리고 있다.

많은 관광객들이 몰리는 휴양지

한낮에는 여행의 설렘을 간직하며 기념사진을 찍는 관광객과 서핑 등 해양 레저를 즐기는 여행객의 열기로 가득하다. 그렇다면 밤은 어떨까. 사실 이호테우해변은 일몰과 야경이 더욱 아름답다. 해변가 이곳저곳에 예쁜 조명이 설치되어 밤 산책을 즐기기에 좋고, 횟집이나 술집 등도 성황리에 운영되고 있다. 일부러 야간에 이곳을 찾는 사람들도 많을 정도다. 해변가에 앉아서 쉴 수 있는 데크도 잘 마련되어 있는데, '취식 금지', '쓰레기 되가져가기' 팻말이 눈에 띄었다. 간혹 해변가에서 먹고 마실 일이 있다면 쓰레기는 꼭 챙겨 뒷정리를 말끔히 한 다음 떠나도록 하자.

즐길 거리 많은 큰 규모의 해변

모래색이나 물빛이 예쁜 바다는 아니지만, 도시에 가장 가까운 바다답게 특유의 활기찬 매력을 가진 곳이다. 물놀이를 하러 방문하는 관광객들도 꽤 많은 편. 여름철에는 해수욕장 한편에 무료 해수풀장도 따로 운영하여 아이들과 함께 온 가족 여행객에게 인기가 좋다. 이호테우해변 뒤쪽에는 소나무숲이 형성되어 있는데 그 사이에 제법 시설 좋은 캠핑장이 자리한다. 탁 트인 바다를 조망할 수 있는 위치에 있어 여름이면 텐트를 가지고 캠핑을 즐기러 오는 사람들이 많다.

info.

주소 제주특별자치도 제주시 이호일동

연락처 064-728-3994

편의 시설 공용 주차장, 화장실, 음료대, 발 씻는 곳, 야영장, 야외 해수풀장, 탈의 및 샤워장, 전망 휴게소

이호테우해수욕장의 해녀상

하고수동해변 &
서빈백사해변 & 검멀레해변
우도의 해변들

섬 안의 또 다른 섬. 우도 여행은 제주 여행을 더욱 특별하게 만들어주는 여행지다. 성산포 종합여객터미널에서 배를 타고 15분여 가면 닿을 수 있는 작은 섬 우도에서는 제주와는 또 다른 분위기의 맑고 독특한 해변을 만날 수 있다. 보통은 자전거나 전기차를 대여해 섬 한 바퀴를 도는 데 두세 시간이면 충분하지만, 여유롭게 머물며 해변을 즐겨도 좋다.

하고수동해변

우도의 동쪽 해안에 위치한 가장 큰 규모의 해변이다. 총 길이는 400m이며 중앙에 현무암 지대가 형성되어 있다. 모래가 부드럽고 수심도 얕은 편이라 많은 관광객들이 이곳에서 해수욕을 즐

해수욕을 즐기기에 제격

하고수동해변의 모습

서빈백사해변에서 시간을 보내는 사람들

아름다운 검멀레해변의 모습

긴다. 주변에 각종 맛집과 민박집이 자리하고 있어 며칠 머물며 바다 여행을 즐기는 이들도 많다. 화장실과 탈의실이 있긴 하나 여름 휴가철에만 한시적으로 이용할 수 있다.

서빈백사해변(산호해수욕장)

눈부시게 하얀 모래와 물감을 풀어놓은 듯 푸른 바다가 시선을 사로잡는 해변이다. 우도 서쪽에 위치한 하얀모래해변이라 하여 '서빈백사'라는 이름이 붙었다. 이곳의 가장 큰 특징은 모래 입자가 마치 팝콘 같아 보인다는 점이다. 해양 조류 중 하나인 홍조에 의해 형성된 홍조단괴 해빈이라고 한다. 상당히 독특한 자연현상으로 보존할 가치가 있다 하여 천연기념물로 지정되었다. 최근에는 유실량이 상당해 무단으로 모래를 채취하는 행위를 엄격하게 금지하고 있다.

검멀레해변

이름에서 알 수 있든 검은 모래와 깎아지른 듯한 현무암 절벽으로 유명한 곳이다. 폭 100m의 작은 해변이지만 우도봉 아래의 절경이 감탄을 자아낸다. 이곳에서 물놀이를 즐기는 이들은 드물고 대부분 보트 관광을 즐긴다(2만 원). 썰물 때를 잘 만나면 동굴 안으로 접근할 수 있다. 이중 동안경굴(東岸鯨窟)은 우도 팔경 중 하나이다.

나는 너에게,
너는 나에게

출장을 핑계 삼아 제주에서 2주 남짓의 시간을 보냈다. 지금까지 수십 번은 넘게 제주를 다녀왔지만 이렇게 길게 머문 건 처음이었다. 보고 즐길 거리가 많은 제주에서 노느라 바빴지, 오로지 해변 하나만을 파고들겠다는 목적으로 길게 방문한 것도 처음이었다. 그건 아마 성혜도 마찬가지이리라. '우리 둘 다 제주를 좋아하니까 같이 책을 써보자'라고 충동적으로 프로젝트를 시작했지만 여행이 일이 될 때 어떤 부작용이 생기는지 잘 알고 있었다. 한낱 여행자의 시선으로 이 엄청난 여행지를 들여다보는 일이 송구스러워졌다. 들여다보면 들여다볼수록 들떴던 마음은 가라앉기만 했다.

성혜와는 이미 여러 번의 여행을 함께하며 합을 맞춰왔던 터였다. 동갑에다 직업도 같고 마음도 잘 맞는 친구가 길 하나 건너 사이에 산다는 건 축복과도 같은 일이었다. 우리는 그동안 홍콩, 하와이 등 외국 여행은 물론 군산, 여수, 제주 등 많은 곳을 함께 여행했다. 그러나 이번 여행은 쉬거나 놀기 위한 목적으로 마냥 즐기기만 하면 됐던 이전의 여행과는 확연히 달랐다.

성혜는 매일같이 적게는 4, 5km, 가끔은 20km 가까운 산길을 걸었다. 연일 퉁퉁 부은 발을 마사지하며 묵묵히 다음날의 산행을 준비했다. 여행 끝 무렵, "발톱 하나가 빠졌네." 하며 심상하게 웃던 그녀는 마치 어떤 신성한 목적을 향해 걸음을 멈추지 않는 순례자 같았다. 나 또한 땡볕이 내리쬐는 해변가를 쏘다니며 하루 종일 취재하느라 기진맥진하긴 마찬가지였다. 저녁을 먹고 천천히 산책한 후에는 늘 내가 먼저 곯아떨어지곤 했다. 대화를 나누다가 조용해지면 성혜는 으레 '그새 잠들었군.' 하고는 불을 꺼주었다. 그리고 새벽 동이 터올 때쯤 일어나 '바다와의 독대'를 하고 돌아가 있노라면 그때쯤 일어난 성혜도 창밖을 보며 손을 흔들어주었다.

여행 끝 무렵. 성혜는 혼자서 한라산 정상을 밟고 오겠다고 했다. 왕복 20km에 가까운 성판악 코스였다. 제주의 여러 숲길을 걷다 보니 그 모든 길이 어디서부터 시작되는지 보였고, 자연스럽게 한라산을 향하게 된 셈이다. 새벽에 길을 나선 성혜는 무려 열 시간을 훌쩍 넘겨 저녁이 다 되어서야 하산했다. 그 시간에 맞춰

차로 데리러 가는 길에는 비와 안개, 햇빛과 구름을 모두 지나쳐야 했는데, 악천후 속에서 정상을 찍고 온 성혜가 뭔가 다르게 보였다. 지쳐 보였고, 동시에 세상 그 누구보다 강인해 보였다.

우리는 함께 출장 겸 여행을 떠났지만 철저히 각자의 미션을 수행했던 셈이다. 성혜는 숲을, 나는 바다를. 각자가 좋아하는 것을 존중하는 마음. 그리하여 단지 대상으로만 바라봤던 제주라는 여행지가 하나의 거대한 자연으로 확장되는 경험. 이런 여행을 할 수 있었던 건 함께하는 사람이 있었기 때문이다. 그 좋아하는 마음에 동화되어 성혜도 바다를, 나도 숲을 점점 더 사랑하게 되었으니까. 한라산 산행을 마치고 온 성혜에게 감화된 나머지 나도 모르게 "겨울 한라산은 꼭 같이 가겠다." 하고 약속해버린 것을 보면 말이다.

분명히 말하지만 나는 등산을 꽤나 싫어했던 사람이다. 정상에 올랐다가 다시 내려오는 행위 자체에 성취욕을 느끼는 성격도 아니고, 즐겁고 편한 레저가 많은데(이를테면 스노클링 같은?) 오르막길 위에서 반복적으로 걸음을 내딛어야 하는 시간이 고역이라고 생각했다. 그러나 결국 지난겨울, 성혜를 따라 한라산을 제대로 만나기 위해 다시 제주를 찾았다. 정상까지는 닿지 못했지만 윗세오름 1700m 고지의 새하얀 설산을 밟는 데는 성공했다. 힘들지 않았다고 하면 거짓말이지만 미치도록 좋았다. 잠시 다른 차원을 들여다보고 돌아온 것 같았다. 즉시 스스로에 대한 정보를 수

정하기로 했다. 이제부터 나는 등산을 좋아한다.

성혜도 나만큼 바다를 좋아하게 됐을까. 수영장에도 데리고 다니고, 바다에도 함께 들어가서 얼추 발장구를 치게 만드는 것까지는 성공한 것 같다. 언젠가는 함께 다이빙할 수 있는 날이 올 수도 있겠지. 각자가 좋아하는 것들이 합해지면 그래서 좋아하는 것이 더 늘어나면, 우리가 누리는 삶의 영역도 더 확장된다.

너의 숲과 나의 바다. 서로가 좋아하는 것을 소중하게 여기는 마음만 있다면 우리는 아마 생각보다 오랫동안 좋은 것들을 맘껏 누릴 수 있을 것이다. 숲과 바다는 다르지 않다. 이 소중한 자연을 지켜나갈 수 있다면, 그리고 그것을 함께할 이가 곁에 있다면.

빚진 마음을 갚는 책이 되길

이전부터 제주를 좋아했지만 코로나 팬데믹으로 인해 해외여행길이 막히면서 제주도는 더욱 특별한 여행지가 되었다. 짧은 시간이나마 비행기를 타고 날아가는 동안 설렜고, 투명한 바다와 잘 보존된 숲 등 경이로운 자연 앞에서 답답한 마음을 일소에 날릴 수 있었으니까. 인구밀도 높은 이 좁은 땅에서 서바이벌을 찍는 대한민국의 현대인들에게 제주도는 그야말로 신이 주신 선물이 아닐까 하는 생각마저 들었다. 맑은 바다를 누리고, 눈 쌓인 한라산을 오르고, 지천에 널린 귤을 공짜로 까먹으며 차츰 빚진 마음이 되었다. '이 모든 것은 공짜가 아닐지도 몰라.' 하고.

쓰레기와 해초 더미로 신음하는 제주 동쪽의 해변들, 침식 작용으로 눈에 띄게 백사장 면적이 줄고 있는 남쪽의 작은 해변들을 돌아보며 빚진 듯 무거운 마음은 더욱 굳어졌다. 자연은 무한대로 재생 가능한 마법 같은 게 아니었다. 아주 오랫동안 한자리에서 변함없는 모습으로 우리 인간들을 품어주었지만, 이들에게도 한계는 있을 것이고 제주에서 얼핏 그 한계를 본 것도 같았다. 우리는 제주의 자연 속으로 한걸음 깊숙이 들어가 그 얼굴을 바라보았다. 경이로웠고, 사랑스러웠고, 고마웠고, 슬펐다. 이 자연을 당연하게 누리고 소비해왔던 스스로에 대한 환멸은 덤이었다.

우리는 제주에 살아본 적 없고 연고도 없는, 철저한 외부인이다. 짧게는 며칠, 길게는 몇 주가량 머물며 예쁘고 좋은 모습만 보고 먹고 즐기다 떠나는 여행객의 시야가 좁을 수밖에 없음을 인정한다. 우리가 제주 이야기를 쓰기로 결심한 것은 마치 짝사랑을 고백하지 않고는 배길 수 없는 마음과 비슷하다. 이 경이로운 섬이 계속해서 우리 곁에 있어주기를 바라는 마음, 더 많은 사람들이 이 아름다움을 숭배하기를 바라는 마음도 조금 보탰다.

코로나 팬데믹 기간 동안 해외여행을 할 수 없던 두 여행 작가는 각각 제주의 숲과 바다를 맡아 하나하나 돌아보는 작업을 함께했다. 그리고 이 여행을 계기로 우리가 제주의 자연을 대하는 태도나 마음가짐이 완전히 달라질 수 있을 거라는 믿음이 생겼다. 더 나아가 제주의 자연뿐만 아니라 내가 누리는 모든 자연의 소중함을 깨닫게 된다면 더 바랄 것이 없겠다.

까마득한 옛날 아무것도 없던 바닷속에서 처음 화산활동이 일어나 수면 밖으로 빼꼼, 섬이 탄생되던 순간을 상상해본다. 용암이 분출되면서 섬 곳곳에 오름이 생겨나고, 흘러내린 용암과 층층이 쌓인 화산재가 튼튼하게 지층을 만들어가는 과정을. 제주 한가운데에 한라산이 솟고, 동쪽과 남쪽에 성산일출봉과 송악산이 떠오르던 순간을. 이건 마치 신의 손길로 빚어낸 정교한 예술 작품이 아닌가. 마침내 새가 날아오고, 물고기가 모여들고, 씨앗이 뿌리를 내리고, 인간이 물질을 하며 기어코 살아남고……. 온갖 생명이 살아 숨 쉬는 지금의 제주가 되기까지의 시간을 상상한다.

그 경이로움에 한낱 여행자의 마음은 그저 겸허해질 따름이다. 이 책이 우리의 빚진 마음을 조금이나마 갚는 선물이 되기를 바랄 뿐이다.

2022년
홍아미, 박성혜

따로 또 같이 여행한
너와 나의 제주